上海市工程建设规范

公共建筑用能监测系统工程技术标准

Technical standard for energy consumption monitoring systems of public buildings

DG/TJ 08—2068—2024

J 11542—2024

主编单位：上海市建筑科学研究院有限公司
华东建筑集团股份有限公司
上海市建筑建材业市场管理总站

批准部门：上海市住房和城乡建设管理委员会

施行日期：2024 年 8 月 1 日

同济大学出版社

2024　上海

图书在版编目(CIP)数据

公共建筑用能监测系统工程技术标准 / 上海市建筑科学研究院有限公司，华东建筑集团股份有限公司，上海市建筑建材业市场管理总站主编. —上海：同济大学出版社，2024.6

ISBN 978-7-5765-1173-4

Ⅰ. ①公… Ⅱ. ①上… ②华… ③上… Ⅲ. ①公共建筑—建筑能耗—监测系统—技术标准—上海 Ⅳ. ①TU111.19-65

中国国家版本馆 CIP 数据核字(2024)第 105368 号

公共建筑用能监测系统工程技术标准

上海市建筑科学研究院有限公司
华东建筑集团股份有限公司　　**主编**
上海市建筑建材业市场管理总站

责任编辑　朱　勇
责任校对　徐春莲
封面设计　陈益平

出版发行　同济大学出版社　www.tongjipress.com.cn
（地址：上海市四平路 1239 号　邮编：200092　电话：021-65985622）
经　　销　全国各地新华书店
印　　刷　浦江求真印务有限公司
开　　本　889mm×1194mm　1/32
印　　张　4.125
字　　数　103 000
版　　次　2024 年 6 月第 1 版
印　　次　2024 年 6 月第 1 次印刷
书　　号　ISBN 978-7-5765-1173-4
定　　价　45.00 元

上海市住房和城乡建设管理委员会文件

沪建标定〔2024〕67 号

上海市住房和城乡建设管理委员会关于批准《公共建筑用能监测系统工程技术标准》为上海市工程建设规范的通知

各有关单位：

由上海市建筑科学研究院有限公司、华东建筑集团股份有限公司、上海市建筑建材业市场管理总站主编的《公共建筑用能监测系统工程技术标准》（修订），经我委审核，现批准为上海市工程建设规范，统一编号为 DG/TJ 08—2068—2024，自 2024 年 8 月 1 日起实施。原《公共建筑用能监测系统工程技术标准》DGJ 08—2068—2017 同时废止。

本标准由上海市住房和城乡建设管理委员会负责管理，上海市建筑科学研究院有限公司负责解释。

上海市住房和城乡建设管理委员会

2024 年 2 月 2 日

前 言

本标准根据上海市住房和城乡建设管理委员会《关于印发〈2022年上海市工程建设规范、建筑标准设计编制计划〉的通知》(沪建标定〔2021〕829号)要求,由上海市建筑科学研究院有限公司、华东建筑集团股份有限公司及上海市建筑建材业市场管理总站会同有关单位编制完成。

本标准的主要内容有:总则;术语;基本规定;能耗数据编码;系统架构;感知层;采集传输层;应用层;能耗监测分平台;施工与验收;运行与维护;附录A至附录H。

修订内容主要包括:①扩大了建筑能耗及相关信息的数据采集广度和深度;②增加了计量装置编码及属性编码;③修改了系统架构;④增加了系统业务功能分级的要求;⑤强化了系统安全的要求;⑥增加了能耗监测分平台的要求;⑦增加了MQTT、RESTful数据传输协议;⑧增加了运行维护期间使用单位的工作要求。

各单位及相关人员在执行本标准过程中,如有意见和建议,请反馈至上海市住房和城乡建设管理委员会(地址:上海市大沽路100号;邮编:200003;E-mail:shjsbzgl@163.com),上海市建筑科学研究院有限公司(地址:上海市宛平南路75号;邮编:200032;E-mail:hexiaoyan@sribs.com),上海市建筑建材业市场管理总站(地址:上海市小木桥路683号;邮编:200032;E-mail:shgcbz@163.com),以供今后修订时参考。

主 编 单 位:上海市建筑科学研究院有限公司
华东建筑集团股份有限公司
上海市建筑建材业市场管理总站

参 编 单 位：上海市机关事务管理局
上海市绿色建筑协会
上海建工一建集团有限公司
珠海派诺科技股份有限公司
广东美的暖通设备有限公司
上海东方延华节能技术服务股份有限公司
上海贝恒检测技术有限公司
广东艾科技术股份有限公司
上海迅饶自动化科技有限公司
安科瑞电气股份有限公司
上海爱太阳米实业有限公司
长兴太湖能谷科技有限公司
上海瀚赟信息科技有限公司

主要起草人：何晓燕　钱智勇　陈众励　李治国　冯　君
肖朋林　徐雯娴　金广程　陈勤平　朱永松
张　俊　吴蔚沁　刘慧君　金　俭　章　峥
李飞龙　詹根基　邵　华　苏　翔　周明春
方春来　陈　驰　孔　薇

主要审查人：赵哲身　包顺强　王小安　李　川　应　寅
顾牧君　刘旭军

上海市建筑建材业市场管理总站

目　次

1　总　则 …………………………………………………………… 1
2　术　语 …………………………………………………………… 2
3　基本规定 ………………………………………………………… 4
4　能耗数据编码 …………………………………………………… 5
　4.1　一般规定 …………………………………………………… 5
　4.2　建筑分类与编码 …………………………………………… 5
　4.3　能耗分类、分项与编码 …………………………………… 5
　4.4　计量装置、属性与编码 …………………………………… 9
5　系统架构 ………………………………………………………… 12
6　感知层 …………………………………………………………… 13
　6.1　一般规定 …………………………………………………… 13
　6.2　测量点位 …………………………………………………… 13
　6.3　计量装置选型 ……………………………………………… 15
7　采集传输层 ……………………………………………………… 17
　7.1　数据采集 …………………………………………………… 17
　7.2　数据传输 …………………………………………………… 19
8　应用层 …………………………………………………………… 21
　8.1　一般规定 …………………………………………………… 21
　8.2　业务功能 …………………………………………………… 22
9　能耗监测分平台 ………………………………………………… 24
　9.1　一般规定 …………………………………………………… 24
　9.2　系统功能 …………………………………………………… 24
　9.3　数据上传 …………………………………………………… 25

10　施工与验收 …………………………………………………… 26
10.1　一般规定 ………………………………………………… 26
10.2　施工要求 ………………………………………………… 26
10.3　安装要求 ………………………………………………… 27
10.4　供电与接地 ……………………………………………… 31
10.5　施工安全 ………………………………………………… 31
10.6　系统验收 ………………………………………………… 32
11　运行与维护 …………………………………………………… 33
附录A　数据编码规则 ………………………………………… 35
附录B　建筑基本信息 ………………………………………… 44
附录C　数据采集点表 ………………………………………… 50
附录D　建筑信息上传通信协议 ……………………………… 51
附录E　能耗监测市级平台审批流程查询通信协议 ………… 80
附录F　数据自动上传通信协议 ……………………………… 84
附录G　数据手动上报通信协议 ……………………………… 88
附录H　系统验收记录 ………………………………………… 90
本标准用词说明 ………………………………………………… 92
引用标准名录 …………………………………………………… 93
标准上一版编制单位及人员信息 ……………………………… 94
条文说明 ………………………………………………………… 95

Contents

1 General provisions ······ 1
2 Terms ······ 2
3 Basic requirements ······ 4
4 Code for energy consumption data ······ 5
4.1 General requirements ······ 5
4.2 Classification and coding of building ······ 5
4.3 Classification, itemization and coding of energy consumption ······ 5
4.4 Metering devices, properties and coding ······ 9
5 System architecture ······ 12
6 Perception layer ······ 13
6.1 General requirements ······ 13
6.2 Measuring point position ······ 13
6.3 Metering device selection ······ 15
7 Collection and transmission layer ······ 17
7.1 Data collection ······ 17
7.2 Data transmission ······ 19
8 Application layer ······ 21
8.1 General requirements ······ 21
8.2 Service functions ······ 22
9 Sub-platform for energy consumption monitoring ······ 24
9.1 General requirements ······ 24
9.2 System functions ······ 24
9.3 Uploading data ······ 25

10 Construction and acceptance ······ 26
10.1 General requirements ······ 26
10.2 Construction requirements ······ 26
10.3 Installation requirements ······ 27
10.4 Power supply and grounding ······ 31
10.5 Construction safety ······ 31
10.6 System acceptance ······ 32
11 Operation and maintenance ······ 33
Appendix A Data coding rules ······ 35
Appendix B Building basic information ······ 44
Appendix C Table of data collection points ······ 50
Appendix D Building information upload communication protocol ······ 51
Appendix E Energy consumption monitoring municipal platform approval process query communication protocol ······ 80
Appendix F Data automatic upload communication protocol ······ 84
Appendix G Manual data reporting communication protocol ······ 88
Appendix H System acceptance record ······ 90
Explanation of wording in this standard ······ 92
List of quoted standards ······ 93
Standard-setting units and personnel of the previous version ······ 94
Explanation of provisions ······ 95

1　总　则

1.0.1　为进一步推动公共建筑实现数字化和智能化的能源管理，提高用能管理水平，优化能源管控，落实碳达峰、碳中和的目标，制定本标准。

1.0.2　本标准适用于本市新建、改建、扩建及既有公共建筑的用能监测系统的设计、施工、验收和运行维护。

1.0.3　新建、改建、扩建公共建筑用能监测系统的建设应与建筑工程统一规划、同步设计、同步施工、同步验收。电气、给排水、暖通等系统的设计应为用能监测提供条件。

1.0.4　用能监测系统设计、施工、验收和运行维护除应符合本标准外，尚应符合国家、行业和本市现行有关标准的规定。

2 术 语

2.0.1 公共建筑 public buildings

民用建筑中，供人们进行各种公共活动的建筑。

2.0.2 用能监测系统 energy consumption monitoring systems

用于对能耗及相关数据进行实时采集、存储、分析、展示的软硬件系统，支持用能单位实施能源动态监控和管理。

2.0.3 重点用能设备 key energy consuming equipment

单台设备能源消耗量大于或等于一种或多种能源消耗量限值的用能设备。

2.0.4 分类能耗 energy consumption of different sorts

根据建筑能源种类划分进行采集和统计分析的能耗数据，包括水、电力、燃气、燃油、外供热源、外供冷源、可再生能源等。

2.0.5 分项能耗 subentry energy consumption

根据建筑消耗的各类能源的主要用途划分进行采集和统计分析的能耗数据。

2.0.6 分户计量 household metering

对用能核算单位（用户）的用能实现单独直接计量或能耗分摊的一种计量或核算方式。

2.0.7 能耗监测平台 energy consumption monitoring platform

采集管理区域内监测建筑的能耗及相关数据，并对数据进行存储、处理、分析、展示和发布的软件平台。

2.0.8 计量装置 metering device

为确定被测量值所必需的计量器具和辅助设备的总称。

2.0.9 数据采集器 data collector

在一个区域内进行信息采集的设备。它通过传输网络对其管辖的能耗等信息进行采集、处理和存储，并与能耗监测分平台交换数据。

2.0.10 公共机构 public institution

指全部或者部分使用财政性资金的国家机关、事业单位和团体组织。包括政府机关、事业单位、医院、学校、文化体育科技类场馆等。

2.0.11 多功能电表 multifunction electrical energy meter

具有测量有功电能、无功电能、电流、电压、视在功率、有功功率、无功功率和功率因素等功能，并能显示、存储和输出数据的计量装置。

2.0.12 智能水表 smart water meter

在测量条件下，具有连续测量流经测量传感器的水体积功能，并能显示、存储和输出数据的计量装置。

2.0.13 智能燃气表 smart gas meter

具有测量流经管道中燃气体积功能，并能显示、存储和输出数据的计量装置。

2.0.14 热量表 heat meter

具有测量介质流经热交换系统所吸收或释放热量功能，并能显示、存储和输出数据的计量装置。

2.0.15 水计量率 water metering rate

在一定的时间内，用水单位、次级用水单位、用水设备(用水系统)的水计量装置计量的水量与其对应级别全部水量的百分比。

3 基本规定

3.0.1 国家机关办公建筑、大型公共建筑、由政府投资且单体建筑面积达到一定规模的公共建筑及整栋开展特殊类装饰装修工程的既有公共建筑等应设置用能监测系统，该系统应与相应能耗监测分平台联网。

3.0.2 用能监测系统能源计量的种类包括水、电、燃气、燃油、热量、冷量及各类可再生能源。

3.0.3 用能监测系统应实现用能分类和用电分项计量，数据应上传至相应能耗监测分平台。

3.0.4 用能监测系统宜实现分区、分户、重点用能系统或设备等计量和数据上传。

3.0.5 用能监测系统宜与建筑设备监控、电力监控、可再生能源利用、室内外环境监测、空调制冷机房监控等相关系统统筹设计，实现各系统之间数据互联互通。

3.0.6 用能监测系统应能实时采集、统计、分析建筑能耗数据，宜提出设备优化运行策略建议，可将判定结果及策略发送至建筑设备监控等相关系统。

3.0.7 用能监测系统的设置不应影响用能系统和设备的功能，不应降低用能系统与设备的技术指标。

3.0.8 工程中采用的设备、材料等应符合国家及本市有关标准的规定，严禁使用国家及本市明令禁止或淘汰的设备和材料。

3.0.9 用能监测系统应开展全过程质量保证与质量控制，系统运行与维护单位应定期评估监测数据及上传数据质量，必要时应调整系统数据采集方案。

4 能耗数据编码

4.1 一般规定

4.1.1 用能监测系统向能耗监测分平台上传数据时，应采用本标准规定的编码规则。

4.1.2 能耗数据编码包含建筑分类、能耗分类、分项、计量装置及属性编码等。

4.2 建筑分类与编码

4.2.1 建筑应按照机关办公建筑和公共建筑进行分类，并区分具体的建筑功能。

4.2.2 用能监测系统所在的建筑物编码采用14位符号表示，包括2位能耗监测分平台代码、6位行政区划代码、1位建筑类型代码、1位建筑功能代码和4位建筑流水号。编码方式应符合本标准附录A中表A.1.1的规定。

4.3 能耗分类、分项与编码

4.3.1 用能监测系统中各类能耗的一级子类设置应符合表4.3.1的规定。

表 4.3.1　建筑能耗数据分类

能耗分类	一级子类
电	市政供电
	太阳能光伏供电
	充电桩反向供电
	其他
水	管道直饮水
	生活用水
	中水
	回用雨水
	消防用水
	生产用水
燃气	天然气
	人工煤气
	液化气
燃油	柴油
	燃料油
外供热源	—
外供冷源	—
可再生能源	太阳能热水系统
	太阳能光伏发电系统
	地源热泵系统
	风力发电系统
	其他可再生能源系统
其他	—

4.3.2　生活用水应按用途进行分项，其设置宜符合表 4.3.2 的规定。

表 4.3.2　生活用水分项

能耗分类	分项名称
生活用水	建筑物单体用水
	住宿功能区用水
	厨房餐厅用水
	公共浴室用水
	洗衣房用水
	生活热水系统补水
	空调系统补水
	冷却塔补水
	锅炉补水
	游泳池用水
	机动车清洗用水
	绿化灌溉用水
	其他

4.3.3　市政供电按用途不同区分为照明插座用电、空调用电、动力用电和特殊用电 4 个分项，各分项可根据用能监测系统的实际情况分为一级子项和二级子项，其设置宜符合表 4.3.3 的规定。

表 4.3.3　市政供电分项

能耗分类	分项名称	一级子项	二级子项
市政供电	照明插座用电	室内照明与插座	室内照明
			室内插座
		公共区域照明和应急照明	公共区域照明
			应急照明
		室外景观照明	—

续表4.3.3

能耗分类	分项名称	一级子项	二级子项
市政供电	空调用电	冷热站	冷冻泵
			冷却泵
			冷热源机组
			冷却塔
			热水泵
			锅炉
		空调末端	空调箱及新风机组
			风机盘管
			空调区域的通排风设备
			多联机及分体式空调器
			空气热交换机组
	动力用电	电梯	—
		给排水系统	—
		非空调区域通排风设备	—
		空气源热泵热水机组	—
	特殊用电	信息机房	机房信息设备
			机房专用空调
			其他
		厨房餐厅	厨房餐厅设备
			厨房餐厅空调
		洗衣房	洗衣房设备
			其他
		室内游泳池	游泳池设备
			游泳池专用空调
		电动汽车充电桩(正向)	—
		建筑储电	建筑储电充电
			建筑储电放电
		电开水器	—
		地下车库	—
		其他	—

4.3.4 天然气能耗分项设置宜符合表 4.3.4 的规定。

表 4.3.4 天然气能耗分项

能耗分类	分项名称
天然气	冷热源
	厨房餐厅
	生活热水
	其他

4.3.5 可再生能源系统分类分项设置宜符合表 4.3.5 的规定。

表 4.3.5 可再生能源系统分类分项

能耗分类	分项名称
太阳能热水系统	产热量
	耗电量
太阳能光伏发电系统	发电量
	上网电量
地源热泵系统	产冷/热量
	耗电量
风力发电系统	—
其他可再生能源系统	—

4.3.6 用能监测系统的能耗数据编码应采用 5 位符号表示，编码方式应符合本标准附录 A 中表 A.2.1 的规定。

4.3.7 公共机构用能监测系统应增加用户编码和分户能耗编码；用户编码为各单位统一社会信用代码，分户能耗编码方式应符合本标准附录 A 中表 A.2.3 的规定。

4.4 计量装置、属性与编码

4.4.1 计量装置编码应由能耗监测分平台与计量装置编号组成，二者之间用符号“.”隔开，计量装置编码最大长度为 25 位，计量装置编码应由相应能耗监测分平台生成。

4.4.2 主要计量装置分类以及属性编码符合表 4.4.2 的规定。

表 4.4.2 主要计量装置分类以及属性编码

大类	小类	类别代码	参数名称	参数描述	计量单位
计量装置 10	多功能三相电表	101	Ua	A 相电压	V
			Ub	B 相电压	V
			Uc	C 相电压	V
			Ia	A 相电流	A
			Ib	B 相电流	A
			Ic	C 相电流	A
			Ps	总有功功率	kW
			PFs	总功率因数	无量纲
			WPP	累计正向有功电能	kWh
			WPN	累计反向有功电能	kWh
			WQP	累计正向无功电能	kvarh
			WQN	累计反向无功电能	kvarh
	多功能单相电表	102	U	电压	V
			I	电流	A
			Ps	有功功率	kW
			PFs	功率因数	无量纲
			WPP	累计正向有功电能	kWh
			WPN	累计反向有功电能	kWh
			WQP	累计正向无功电能	kvarh
			WQN	累计反向无功电能	kvarh
	智能水表	103	T	累计流量	m^3
			LCF	瞬时流量	m^3/h
	智能燃气表	104	GTF	累计流量	m^3
			GCF	瞬时流量	m^3/h

续表4.4.2

大类	小类	类别代码	参数名称	参数描述	计量单位
计量装置10	热量表	105	IT	冷冻水供水温度	℃
			RT	冷冻水回水温度	℃
			LIT	冷却水供水温度	℃
			LRT	冷却水回水温度	℃
			CQ	瞬时冷热量	kW
			CF	瞬时流量	m^3/h
			CT	累计流量	m^3
			TQ	累计热量	GJ
			TC	累计冷量	GJ
	光伏发电	106	PPG	光伏发电量	kWh
			RI	太阳总辐射	W/m^2
			SCMT	光伏组件表面温度	℃
	环境传感器	107	TMP	温度	℃
			HUM	湿度	%RH
			CO	一氧化碳浓度	ppm
			CO_2	二氧化碳浓度	ppm
			TVOC	总有机挥发物浓度	$\mu g/m^3$
			HCHO	甲醛	$\mu g/m^3$
			PM2.5	PM2.5浓度	$\mu g/m^3$
			PM10	PM10浓度	$\mu g/m^3$
	照度传感器	108	IL	照度	lx
	声音传感器	109	SO	声音强度	dB
	人流量	110	ENP	累计进入人数	人
			LEP	累计离开人数	人
			INP	当前在室人数	人

5 系统架构

5.0.1 用能监测系统构架应以信息技术为基础，满足云端或本地服务器等部署的要求。

5.0.2 用能监测系统应采用层次化、模块化设计，应包括感知层、采集传输层和应用层。

5.0.3 感知层应实现能耗及相关现场设施的动态监测，由数据采集器实现数据采集和存储。

5.0.4 采集传输层应通过数据采集器将数据传输到数据应用层和相应的能耗监测分平台，数据传输应采用安全、可靠的传输方式和通信协议。

5.0.5 应用层应提供系统的数据接入、汇聚、存储、加工、展示、分析等功能。

5.0.6 用能监测系统的信息安全应按国家网络信息安全相关法律和标准执行，宜面向管理层、运维人员、物业人员、个人用户等提供分级权限。

6 感知层

6.1 一般规定

6.1.1 建筑能耗应采用实时、自动采集方式;燃气、燃油不具备自动采集条件时,应采用人工采集方式。

6.1.2 无法直接采集相关能耗时,宜采用拆分方法间接获取用能数据。

6.2 测量点位

6.2.1 供配电系统的下列部位应设置电能计量装置:

1 0.4 kV 变压器低压侧总进线处或 0.4 kV 电源进线回路。

2 照明插座、空调、动力和特殊用电的干线回路。

3 自备电源回路。

4 外供电回路。

5 电动汽车充电设施的供电回路。

6 光伏发电系统的发电侧和上网电能计量回路。

7 各电压等级的重点用电设备的供电回路。

8 主要功能区的供电回路。

9 需要独立经济核算或考核单元的供电回路。

10 储能电站的充电、放电电量计量回路。

11 直流供电回路。

6.2.2 给水管道的下列部位应设置智能水表:

1 由市政供水管道引入至建设用地红线给水管网的管段。

2 建筑物的引入管。

3　建筑物内按用途和管理要求需计量水量的管段。

4　根据水平衡测试要求进行分级计量的管段。

5　根据分区计量管理要求需计量水量的管段。

6　重点用水设备给水管段。

6.2.3　中央空调系统的下列部位应设置热量表：

1　单个建筑物的空调系统总供回水管段。

2　建筑不同功能分区及楼层的空调系统总供回水管段。

3　需要独立经济核算或考核单元的空调系统总供回水管段。

6.2.4　宜在市政燃气供气管网进户总管及主要分户管道入口处设置智能燃气表，条件不具备时，可采用图像识别等抄表终端采集数据，设备安装应按照本市燃气安全管理相关要求执行。

6.2.5　太阳能系统应对下列内容进行计量：

1　太阳能热利用系统的辅助热源供热量、集热系统进出口水温、集热系统循环水流量、太阳总辐射量及按使用功能分类的下列参数：

1）太阳能热水系统的供热水温度、供热水量；

2）太阳能供暖空调系统的供热量及供冷量、室外温度。

2　太阳能光伏发电系统的发电量、上网电量及室外温度等。

6.2.6　地源热泵系统监测点位应包括地源侧与用户侧进出水冷热量、耗电量、地下环境参数等。

6.2.7　锅炉房、换热机房和制冷机房应对下列内容进行计量：

1　燃料的消耗量。

2　供热系统的总供热量。

3　制冷机(热泵)耗电量及制冷(热泵)系统总耗电量。

4　制冷系统的总供冷量。

5　补水量。

6.2.8　人员密集的公共建筑场所宜设置室内环境监测点。

6.2.9　公共机构建筑用能监测系统计量点位的设置，除应符合本节的相关规定外，尚应符合下列规定：

1 集中办公点内的各公共机构的能源消耗量宜分户计量。

2 对于拥有多处办公点的公共机构，每处能源消耗量宜单独计量。

3 公共机构的主要行政区、业务区、后勤服务区、对外服务及外包场所等重点用能区域的能源消耗量宜分区计量。

6.3 计量装置选型

6.3.1 应采用具有计量器具型式批准(CPA)证书的计量装置。

6.3.2 智能水表、多功能电表及热量表等计量装置应具有数据远传功能，可采用 RS-485、M-bus 或无线传输等接口，通信协议应支持 Modbus、CJ/T 188 或无线传输等协议。

6.3.3 智能水表的选型应符合下列规定：

1 准确度不应低于 2 级，产品应符合现行国家标准《饮用冷水水表和热水水表　第 1 部分：计量要求和技术要求》GB/T 778.1 的要求。

2 智能水表输出参数应包括当前累积流量，可包括实时时间、累积工作时间等。

3 带电子装置的水表应确保在外部电源发生故障时，故障前的水表体积示值不会丢失，并且至少在一年之内仍能读取。当电源为可更换电池时，制造商应提供更换电池的具体规则。

6.3.4 电能计量装置的选型应符合下列规定：

1 多功能电表准确度不应低于 1.0 级，产品应符合现行国家标准《电测量设备(交流)　特殊要求　第 21 部分：静止式有功电能表(A 级、B 级、C 级、D 级和 E 级)》GB/T 17215.321 的要求。

2 经电流互感器接入的多功能电表，变比应与被测量回路的电流值相适应，标定电流不宜超过电流互感器额定二次电流的

30%(对S级的电流互感器为20%),额定最大电流宜为额定二次电流的120%。直接接入式多功能电表的标定电流应按正常运行负荷电流的30%选择。

3 电流互感器准确度不应低于0.5级,产品应符合现行国家标准《互感器》GB/T 20840的要求。

6.3.5 智能燃气表的选型应符合下列规定:

1 智能燃气表计量误差及产品应符合现行国家标准《膜式燃气表》GB/T 6968等要求。

2 智能燃气表输出参数应包括当前累积流量。

6.3.6 热量表的选型应符合下列规定:

1 热量表准确度不应低于2级,产品应符合现行国家标准《热量表》GB/T 32224的要求。

2 热量表输出参数应包括累积热量、热功率、累积流量、瞬时流量、进口温度、出口温度、温差和工作时间。

3 当电源停止供电时,热量表应保存断电前存储的累积热量、累积流量和相对应的时间数据及历史数据,恢复供电后应自动恢复正常工作。

6.3.7 用能监测系统的同类计量装置宜采用相同的通信接口。

7 采集传输层

7.1 数据采集

7.1.1 计量装置和数据采集器之间的传输应综合考虑计量装置数量、分布、传输距离、环境条件、存储容量及传输设备技术要求等因素，采用有线为主的传输方式。布线确有困难的，可采用无线传输方式，并满足相关无线传输标准的规定。

7.1.2 计量装置和数据采集器之间应采用标准的物理接口和通信协议。

7.1.3 数据的采集周期应根据实时性要求进行合理的设定，其中能耗数据采集时间间隔不应大于 15 min，并可根据具体需要灵活设置。

7.1.4 数据采集器的性能指标应符合下列规定：

1 具备不少于 2 路 100 MB 以太网接口，且可配置独立 IP 地址；不少于 2 路 2 kV 隔离 RS485 串行接口，每个接口应具备至少连接 32 块计量装置的功能。接口应具有完整的串口属性配置功能。

2 支持通用通信方式和通信协议。

3 存储容量不小于 256 MB。

4 具有采集频率可调节的功能。

5 采用低功耗嵌入系统，功率小于 10 W。

6 工作温度满足－20℃～55℃，工作相对湿度满足 35%～80%，无凝露。

7 支持现场或远程配置、调试及故障诊断的功能。

8 抗电强度满足现行国家标准《音视频、信息技术和通信技

术设备 第1部分:安全要求》GB 4943.1 的相关技术指标。

9 电磁兼容性指标应符合下列规定:

1) 静电放电抗扰度应满足现行国家标准《电磁兼容 试验和测量技术 静电放电抗扰度试验》GB/T 17626.2 中的3级及以上试验标准;

2) 射频电磁场辐射抗扰度应满足现行国家标准《电磁兼容 试验和测量技术 射频电磁场辐射抗扰度试验》GB/T 17626.3 中的3级及以上试验标准;

3) 电快速瞬变脉冲群抗扰度应满足现行国家标准《电磁兼容 试验和测量技术 电快速瞬变脉冲群抗扰度试验》GB/T 17626.4 中的3级及以上试验标准;

4) 浪涌(冲击)抗扰度应满足现行国家标准《电磁兼容 试验和测量技术 浪涌(冲击)抗扰度试验》GB/T 17626.5 中的3级及以上试验标准。

7.1.5 数据采集器的功能指标应符合下列规定:

1 应支持有线或无线通信方式,至少可与2个能耗数据中心并发传输数据。

2 应支持计量装置编码及采集参数名称设定功能,上传的计量装置参数名称及数据单位应与本标准表4.4.2保持一致。

3 应支持通过RESTful协议或MQTT协议上传数据,协议应符合本标准附录F的要求。

4 上传数据包应采用JavaScript Object Notation(JSON)格式。

5 应可根据NTP协议调整本地时间。

6 当网络连接中断时,应具备本地能耗数据缓存功能,缓存数据不少于30 d;应具备断点续传功能,当网络恢复连接时自动补传缓存的数据。

7 应具备将采集到的能耗数据以ModbusTCP、BACnetIP、OPC、RESTful API、WebService、MQTT等标准通信协议共享给其他管理系统的功能。

8　平均无故障工作时间(MTBF)不应低于 20 000 h。

7.1.6　数据采集器的安装位置应通风良好、环境干燥,场地应预留网络传输接口。

7.1.7　采用 RS-485、M-bus 通信方式时,数据采集器至计量装置之间宜采用屏蔽双绞线连接,且芯线截面积不应小于 0.75 mm^2,屏蔽层应良好接地。

7.1.8　缆线及配线设备的选择应符合现行国家标准《民用建筑电气设计标准》GB 51348 和《综合布线系统工程设计规范》GB 50311 等规定。

7.1.9　户外设备与接线应做防水设计。

7.2　数据传输

7.2.1　数据采集器应实现与用能监测系统和能耗监测分平台之间的数据传输,传输应符合下列规定:

1　数据传输可采用公共通信网或专用通信网。

2　传输网络应确保其传输的可靠性。对于有线传输网络,宜采用宽带网络;对于无线传输网络,宜根据现场环境、传输需求和时延要求,采用合适的传输网络。

3　通过公共通信网络上传能耗数据的,宜设置防火墙和防病毒系统等网络安全措施。

7.2.2　向能耗监测分平台上传能耗数据前,应将建筑基础信息上报至能耗监测分平台,并获取建筑编码和密钥。当建筑基础信息发生变化时,应及时更新。建筑基础信息应符合本标准附录 B 的规定。

7.2.3　向能耗监测分平台上传各计量装置实时数据的时间间隔不应大于 15 min。

7.2.4　向能耗监测分平台的数据传输应采用基于 HTTPS 的 RESTful API 协议或 MQTT 协议,数据格式均采用 JSON

(JavaScript Object Notation)格式，传输数据应采用 UTF-8(UCS Transformation Format)编码，传输协议应符合本标准附录 F 的规定。

7.2.5 当通信发生故障时，数据上传模块应存储未能正常实时上传的数据，待通信连接恢复正常后进行断点续传。

8 应用层

8.1 一般规定

8.1.1 用能监测系统宜基于 B/S 架构，由操作系统、服务中间件、数据库系统软件及应用软件组成。

8.1.2 用能监测系统应具有下列管理功能：

1 提供用户权限管理、系统日志、系统错误信息、系统操作记录以及系统参数设置等功能。

2 支持用能监测点位分类、分项等配置的功能。

3 在线监测计量装置、数据采集器、服务器等设备运行状态具有设备故障报警功能。

4 应采取相应的数据冗余和备份措施，自动对应用数据库进行备份。

5 系统采集的能耗原始数据应保存 3 年以上，统计和汇总数据应长期保存。

8.1.3 用能监测系统的建筑基本信息分为基本项和附加项：

1 基本项应包括建筑基本信息、建筑功能面积分布、用能监测系统工程实施单位、变压器容量、冷热源系统形式等信息。其内容应符合本标准附录 B 的规定。

2 附加项应至少包括下列信息：

1） 机关办公建筑：办公形式、用能单位数量、总用能人数、运行时间；

2） 办公建筑：办公类型、设计人员密度、运行时间；

3） 商场建筑：业态类型、设计客流量；

4） 旅游饭店建筑：等级（星级）、客房套数；

5）文化建筑：使用类型、设计客流量；

6）教育建筑：学校类型、用途分类；

7）医疗卫生建筑：医院类型、医院等级、医院性质、用途分类、设计床位数；

8）体育建筑：建筑分类、专项用途分类、设计观众席容量。

8.1.4 用能监测系统的业务功能分为基础级、一级（增强级）、二级（诊断级）和三级（智能级）四个等级。

8.1.5 新建、改建、扩建的公共建筑用能监测系统建设等级不应低于一级；其中年用能量大于 5 000 吨标准煤以上的重点用能单位，不宜低于二级。

8.2 业务功能

8.2.1 基础级用能监测系统应具有下列功能：

1 建筑基本信息的录入管理。

2 用电总量和分项的实时监测与分析。

8.2.2 一级用能监测系统应在基础级基础上增加下列功能：

1 进出建筑的各类能源用能总量的实时监测与分析。

2 主要功能区、独立考核或核算单元和重点用能设备的用电参数的实时监测与分析，并基于用电系统图的可视化展示。

3 非自动采集的能耗数据的人工录入。

4 建筑运行碳排放的分析。

5 数据质量分析。

6 计量装置及数据采集器等设备台账管理。

8.2.3 二级用能监测系统应在一级基础上增加下列功能：

1 能源资源上下级之间在数量上的平衡关系分析。

2 用能系统或设备能效等分析和诊断。

3 关键用能单元的用能计划分解、监测和超计划用能或用能异常报警。

4 自动生成用能分析报告。

8.2.4 三级用能监测系统应在二级基础上增加下列功能：

1 利用人工智能技术，基于历史数据等实现用能预测或负荷预测，并可提出预测式维护指令。

2 与建筑设备监控系统实现整合，基于监测数据实现建筑用能设备优化控制。

8.2.5 宜采用建筑信息模型(BIM)技术，搭建三维可视化用能监测系统，实现三维可视、信息集成和设备集中监测。

9 能耗监测分平台

9.1 一般规定

9.1.1 能耗监测分平台应在网络、硬件、系统软件和应用软件等各方面，采用合理的方法和技术，提高系统的处理能力、容错能力和可靠性及安全性。

9.1.2 能耗监测分平台应具有安全保障功能，从网络安全、应用安全、数据安全、终端安全等方面采用安全技术保证信息安全：

1 采用防火墙、安全隔离网关等措施保护系统网络安全。

2 通过应用系统访问控制、数据库系统安全、身份认证系统等进行安全访问控制。

3 对数据存储、访问、传输等采取数据加密、备份、云存储、数据操作监控等保障数据安全。

4 加强信息系统终端安全建设，构建有效的安全终端。

9.2 系统功能

9.2.1 能耗监测分平台应具有建筑信息管理功能。包括建筑新增审批、建筑编码及密钥生成、建筑信息修改、建筑注销审批、计量装置管理和能耗分项配置，并具备向能耗监测市级平台上传建筑信息和信息反馈接收功能，保障建筑信息同步。建筑基本信息应符合本标准附录 B 的规定，数据采集点表应符合本标准附录 C 的规定，附件资料应符合本标准附录 D. 3. 4 的规定。

9.2.2 能耗监测分平台应具有下列数据传输功能：

1 接收用能监测系统数据。

2 向能耗监测市级平台上传数据、更新已上传数据、接收反馈。

9.2.3 能耗监测分平台应具有人工录入数据及向能耗监测市级平台上传功能。

9.2.4 能耗监测分平台应具有数据处理汇总功能，依据配置的分类分项与计量装置的关系，实现分类分项数据的汇总。

9.2.5 能耗监测分平台应根据管理要求和各区实际情况，实现能耗统计、能耗分析、数据可视化展示等功能。

9.3 数据上传

9.3.1 能耗监测分平台在向能耗监测市级平台上传建筑能耗数据时，应先上传建筑信息，能耗监测市级平台审批通过后方可传输建筑能耗数据，并应符合下列规定：

1 能耗监测分平台应按照本标准附录D的协议规定向能耗监测市级平台上传建筑信息。

2 能耗监测分平台应按照本标准附录E的协议规定从能耗监测市级平台获取建筑信息审批反馈信息。

3 能耗监测分平台应按照本标准附录F.1的协议规定向能耗监测市级平台上传建筑能耗信息。

4 人工录入数据应按照本标准附录G数据手动上报通信协议上传至能耗监测市级平台。

9.3.2 能耗监测分平台应向能耗监测市级平台上传用能监测系统的各计量装置实时数据，数据采集和上传时间延迟不大于1 h。

9.3.3 能耗监测分平台应使用固定的IP地址向能耗监测市级平台上传数据，能耗监测市级平台建立各能耗监测分平台的IP白名单，数据传输采用基于HTTPS的RESTful API协议，数据格式采用JSON格式。

9.3.4 当通信发生故障时，能耗监测分平台应将未上传的数据缓存在本地，待通信恢复后进行断点续传。

10　施工与验收

10.1　一般规定

10.1.1　用能监测系统的建设，不应改动供电部门计量表的二次接线。

10.1.2　用能监测系统所采用的设备及材料应符合下列规定：

1　计量装置应具有计量器具型式批准（CPA）证书，精度等级满足相关标准和设计要求。

2　应提供使用说明书、质量保证书（卡）、第三方检测机构出具的检测报告等文件。

10.1.3　设备及材料应进行进场检验，检验结果应经监理单位（或建设单位）检查认可，并形成相应的记录。

10.2　施工要求

10.2.1　用能监测系统施工图设计文件应包括下列内容：

1　设计说明及技术指标。

2　系统图。

3　平面布置图。

4　主要设备清单。

5　能耗数据采集点表（内容应符合本标准附录 C 的规定）。

10.2.2　用能监测系统深化设计文件应包括下列内容：

1　设计说明及技术指标。

2　系统图。

3　平面布置图。

4 能耗数据采集点表(内容应符合本标准附录C的规定)。

5 主要设备清单。

6 计量装置及数据采集器等主要设备技术性能参数。

7 计量装置、数据采集器端子接线图和安装详图。

8 用能监测系统软件架构及功能说明。

9 与第三方系统的接口对接方式。

10.2.3 应按设计要求制定施工方案和组织施工,施工方案应包括相应的施工技术标准、施工质量管理体系和工程质量检验制度等内容。

10.2.4 施工前应明确系统施工范围和特点,明确施工过程中与被监测供能系统的关联。

10.3 安装要求

10.3.1 对系统中所使用的计量装置和数据采集器等主要设备应进行下列检查:

1 检查产品外观和装箱清单、合格证、技术说明书,并查看相关的检测报告和证书。

2 设备安装前,应核对相关参数是否符合系统设计要求。

3 检查结果应形成记录。

10.3.2 系统安装、调试过程的质量控制应符合下列规定:

1 各工序按相关施工技术标准进行质量管理和控制,在上道工序完成并检验合格后方可实施下道工序,并按规定登记和记录。

2 隐蔽工程检验合格后,应按国家标准《智能建筑工程质量验收规范》GB 50339—2013 中的表 B.0.2 记录。

3 对于监理单位提出检查要求的重要工序,应经监理工程师检查认可,才能进行下道工序施工。

4 系统调试阶段应逐点核对计量装置地址,逐项核对分类能耗、分项能耗、分户能耗等与现场计量装置读数。

5 工程调试完成经建设单位同意后投入系统试运行。应保存系统试运行期间的全部记录。

10.3.3 计量装置安装应按设计文件要求进行，并与电气、给排水、暖通系统等专业相配合。

10.3.4 智能水表的安装应符合现行国家标准《饮用冷水水表和热水水表 第5部分：安装要求》GB/T 778.5的相关规定。

10.3.5 电能计量装置的安装应符合下列规定：

1 电流互感器的安装：

1）同一回路内的三相电流互感器应采用同一制造厂商生产的型号、准确度等级和二次容量均相同的电流互感器。

2）电流互感器进线端的极性符号应一致。

3）电流互感器二次回路应安装接线端子，变压器低压出线回路宜安装接线盒。

4）电流互感器二次侧一端应可靠接地。

5）既有建筑改造项目中如利用已有互感器的，应在施工前对互感器出线进入计量装置的接线极性进行测试，如出线反接，应在系统施工时进行纠正。

2 多功能电表的安装：

1）采用电流互感器接入的低压多功能电表，其电压引入线应单独接自该支路开关下口的母线上，并另行引出，严禁在母线和电缆连接螺丝处引出。零线不得断开，应采用叉接方式接入零线端子。

2）电压、电流回路 L_1、L_2、L_3 各相导线应分别采用黄、绿、红色单股绝缘铜质线，中性线（N线）采用淡蓝色线，保护接地线（PE线）为黄绿相间色线，并在导线上设置与图纸相符的端子编号。导线排列顺序应按正相序自左向右或自上向下排列。

3）电流互感器从输出端直接接至接线盒或接线端子，中间不宜有任何辅助接点。

4）多功能电表应安装牢固、垂直，表中心线倾斜不大于1°；电流互感器与一次回路电流线平面夹角应尽量垂直，特殊情况下夹角不应小于60°。

5）电流互感器与电表的连接导线应采用截面不小于2.5 mm^2 的铜质线缆，导线长度不宜超过15 m。

6）接线时应确保输入电流与电压相序一致，同时确保电流进出线连线正确；如使用的电流互感器上连有其他计量装置，接线应采用串接方式。

7）经电流互感器接入的多功能电表电压测量回路应采用耐压不低于450 V/750 V的铜芯绝缘导线，且芯线截面不应小于1.5 mm^2；采集电压信号前端应加装1 A熔断器。

8）二次回路的连接件均应采用铜质制品。

9）单独配置的计量表箱在室内挂墙安装时，安装高度宜为0.8 m～1.8 m。

10）在原配电柜（箱）中加装时，计量装置下端应设置标示回路名称的编号。与原三相电子式计量装置水平间距应大于80 mm，单相电子式计量装置水平间距应大于30 mm，电子式计量装置与屏边的距离应大于40 mm。

10.3.6 智能燃气表的安装应符合下列规定：

1 安装前应进行检查，安装方式应符合设备安装使用要求。

2 燃气表铭牌上规定的燃气属性必须与当地供应的燃气相一致。

3 燃气表应安装于干燥通风的地方，并应远离火源。

4 燃气表宜集中布置在单独房间内；当设有专用调压室时，可与调压器同室布置。

10.3.7 热量表的安装应符合下列规定：

1 安装前应进行检查，安装方式应符合设备安装使用要求。

2 流量计安装应符合下列规定：

1）流量计安装应避免管道与表具之间产生附加压力，必要时设置支架或基座。

2）流量计安装位置及方式应符合设计规定与产品安装要求，且便于拆卸更换。流量计安装后不应影响热(冷)系统正常运行和流量。

3 温度传感器安装应符合下列规定：

1）直接插入的温度传感器保护管和插入温度传感器的套管应采用导热率良好且坚固、耐磨的材料。

2）传感器设置位置应符合设计要求，应能反映被测介质的平均温度。

3）温度传感器内的测温元件插入深度应到达管道的中心线，使温度传感器的尖端对着水的流动方向或垂直于管道。

4）温度传感器与管道的连接应保持密封，减少传感器与周围物体和空间环境间的热交换。

5）传感器安装位置和方式应便于检查和维修。

10.3.8 数据采集器、网络交换机、多功能电表等主要设备应放置于有锁扣的现场控制箱(柜)内，其安装应符合下列规定：

1 现场控制箱(柜)应安装牢固，不应倾斜，垂直偏差不应大于 3 mm；安装在轻质墙上时，应采取加固措施；单独配置的落地式电表柜，宜采用膨胀螺丝固定在地面或墙壁安装。

2 现场控制箱(柜)的高度不大于 1 m 时，宜采用壁挂安装，箱体中心距地面的高度不应小于 1.4 m。

3 现场控制箱(柜)侧面与墙或其他设备的净距离不应小于 0.8 m，正面操作距离不应小于 1 m。

4 现场控制箱(柜)接线应按照接线图和设备说明书进行，配线应整齐，不宜交叉，并应固定牢靠，端部均应标明编号。

5 现场控制箱(柜)箱体门板内侧应贴箱内设备的接线图。

10.3.9 缆线的敷设和保护方式应符合现行国家标准《建筑电气工程施工质量验收规范》GB 50303 和《综合布线系统工程验收规范》GB/T 50312 等相关规定。

10.3.10 无线传输网络天线的安装应满足设计要求，并根据现场场强测试数据确定安装部位。干路放大器、功分器、耦合器等中间设备宜采用保护箱安装。

10.3.11 设备和缆线应设永久性标识，且标识应准确、清晰。

10.4 供电与接地

10.4.1 现场控制箱(柜)接地应符合设计要求。

10.4.2 用能监测系统计量装置、数据采集器及服务器应采用可靠电源供电，工作环境应能够保证设备的正常运行。

10.4.3 中央控制室布线和设备安装应按设计要求接地，采取相应的防雷接地措施。采用浪涌保护器时，安装应牢固，接线应可靠。

10.4.4 传输系统中屏蔽电缆屏蔽层与连接件屏蔽罩应可靠接触，屏蔽层应保持端到端可靠连接，进入中央控制室时应就近与机房等电位连接网连接，做到同一链路全程屏蔽、一端接地。

10.5 施工安全

10.5.1 施工现场安全质量保证体系应符合现行上海市工程建设规范《建筑工程施工现场质量管理标准》DG/TJ 08—1201 的规定。

10.5.2 智能燃气表应按设计要求安装，安装施工应在关闭前端燃气阀门、放尽残留燃气后进行。计量装置与输气管道应连接紧密，严防泄漏。应在确认无泄漏后再行恢复通气。安装调试时，现场严禁明火。

10.6 系统验收

10.6.1 用能监测系统工程完工后，施工单位应对其施工质量进行自检，自检内容应符合设计要求，应包括下列主要内容：

1 系统架构、设备选型、线缆敷设与标识、设备安装与接线。

2 能耗分类、分项、分户、分区等配置。

3 计量数据的准确性、系统安全性、数据上传功能和系统软件功能等。

10.6.2 系统自检合格且试运行正常2周后，施工单位应提交工程验收申请报告，并由建设单位组织专项验收；对验收不合格项应发出整改通知，施工单位应按照通知规定的期限予以整改；整改后应组织复验，直至合格。验收内容应符合本标准附录H的要求。

10.6.3 用能监测系统工程验收文件应包括下列内容：

1 设计文件、图纸会审记录、设计变更和技术核定单。

2 系统主要材料、设备、计量装置的质量证明文件、进场验收记录、进场复验报告。

3 隐蔽工程验收记录和相关图像资料。

4 检验批质量验收记录。

5 系统设备检验和安装质量检查记录。

6 系统调试记录。

7 施工单位自检报告。

8 系统试运行记录。

9 系统操作和设备维护说明书。

10 工程竣工图纸及方案。

11 其他对工程质量有影响的重要技术资料。

11 运行与维护

11.0.1 已建成用能监测系统的公共建筑应明确系统使用单位和运维单位。

11.0.2 建筑产权人或受委托的使用单位、物业管理单位、系统运维单位应建立运行与维护管理制度，明确运维责任。

11.0.3 用能监测系统运维单位应开展下列工作：

1 应配备现场专职运行维护人员，发现系统数据中断或系统异常时，应及时进行处理，并做好运行维修记录。

2 应定期对系统的计量装置、传输设备、数据采集器、网络交换机、服务器等设备进行巡检和维护保养，定期对现场服务器病毒库进行更新，并做好记录。

3 应定期对能耗监测数据的准确性进行校核，及时发现故障原因并加以整改。

4 系统运行异常时，应在 24 h 内予以响应，5 个工作日内予以修复。运行异常超过 24 h 的，应及时向相应能耗监测分平台告知故障原因及解决方案。

5 建筑物（区域）功能、监测点位变更时，应及时更新系统计量装置或档案，保持系统持续有效性，相关信息应实时同步至相应能耗监测分平台。

6 应定期对能耗监测数据、程序进行集中物理保存。

7 应定期编制系统运行维护报告，内容包括运维期间的数据上传情况、用户使用反馈信息、巡检维护情况、故障处理情况等，并在此基础上提出系统优化措施。

8 宜利用数字化工具实现智慧运维。

11.0.4 用能监测系统使用单位应开展下列基础性工作：

1 应定期登录系统，查看建筑各类能源、主要结算或考核单位、分级、分区、分项、重点用能系统或设备等用能，并进行同环比、总分对比、横向对比等分析，导出报表。

2 应按月核对系统用能报表与账单的差异；若超过限值，应开展核查工作。

3 应及时与系统运维单位同步建筑内功能变更、用能线路启停、重点用能设备改造等信息，及时更新系统计量装置或档案配置，保持系统有效性。

4 应按规定接收、查看、确认系统发送的各类报警记录，根据报警级别进行适当的及时消除处理，同时优化报警逻辑，提升报警的准确性。

11.0.5 已开展能源管理基础性工作的系统使用单位，宜开展下列提升性工作：

1 宜结合系统能效诊断相关功能，定期诊断建筑整体、功能区、重点用能系统和设备的能效指标，并选用适当的标准进行能效对标，寻找解决方案，持续提升建筑的能效水平。

2 宜利用系统所采集的能耗各项参数，包括三相不平衡率、谐波、温度、压力等，定期分析供能质量，识别安全隐患，提高用能安全。

3 宜定期检查建筑各类能源和各线路的负荷状态，合理分配各线路负载与负载时段，可结合储能技术，降低建筑整体与各线路的负荷水平。

4 宜定期编制建筑综合用能分析报告，向物业管理单位和业主单位提出运行能效提升与节能改造的建议方案。

附录A　数据编码规则

A.1　建筑物编码

A.1.1　建筑物编码的设置应符合表A.1.1的规定。

表A.1.1　建筑物编码

位数	1	2	3	4	5	6	7	8	9	10	11	12	13	14
编码	×	×	×	×	×	×	×	×	×	×	×	×	×	×
说明	能耗监测平台		行政区划						建筑类型	建筑功能	建筑流水号			

A.1.2　建筑物编码的含义如下：

1　第1～2位为能耗监测平台代码，应符合表A.1.2-1的规定。

2　第3～8位为建筑所在行政区划代码，应符合表A.1.2-2的规定。

3　第9位为建筑类型代码，第10位为建筑功能代码，应符合表A.1.2-3的规定。

4　第11～14位为建筑流水号代码。

表A.1.2-1　上海市建筑能耗监测平台代码

平台名称	平台代码
能耗监测市级平台	SH
黄浦	HP
徐汇	XH
长宁	CN

续表A. 1. 2-1

平台名称	平台代码
静安	JA
普陀	PT
虹口	HK
杨浦	YP
闵行	MH
宝山	BS
嘉定	JD
浦东	PD
金山	JS
松江	SJ
青浦	QP
奉贤	FX
崇明	CM
虹桥商务区	HQ
临港新片区	LG
市级机关	SG

表 A. 1. 2-2　上海市行政区划代码

行政区划	行政区划代码
上海市	310000
黄浦区	310101
徐汇区	310104
长宁区	310105
静安区	310106
普陀区	310107
虹口区	310109
杨浦区	310110

续表A. 1. 2-2

行政区划	行政区划代码
闵行区	310112
宝山区	310113
嘉定区	310114
浦东新区	310115
金山区	310116
松江区	310117
青浦区	310118
奉贤区	310120
崇明区	310130

表 A. 1. 2-3　建筑分类代码

建筑类型	类型代码	建筑功能	功能代码
机关办公建筑	A	行政办公	A
公共建筑	B	办公	A
		商场	B
		旅游饭店	C
		文化	D
		医疗卫生	E
		体育	F
		教育	H
		会展	I
		交通	J
		综合	G
		其他	Z

A.2 建筑能耗编码

A.2.1 建筑能耗编码的设置应符合表 A.2.1 的规定。

表 A.2.1 建筑能耗编码

位数	1	2	3	4	5
编码	×	×	×	×	×
说明	分类能耗	分类能耗一级子类	分项能耗	分项能耗一级子项	分项能耗二级子项

A.2.2 各建筑能耗编码的含义如下：

1 第 1 位为分类能耗代码。

2 第 2 位为一级子类能耗代码。

3 第 3 位为分项能耗代码。

4 第 4 位为一级子项能耗代码。

5 第 5 位为二级子项能耗代码。

A.2.3 建筑能耗分类代码应符合表 A.2.3 的规定。

表 A.2.3 建筑能耗分类代码

能耗类别	能耗类别代码	一级子类	一级子类代码
电	1	市政供电	0
		太阳能光伏供电	2
		充电桩反向供电	3
		其他	9
水	2	管道直饮水	1
		生活用水	2
		中水	3
		回用雨水	4
		消防用水	5
		生产用水	6

续表A. 2. 3

能耗类别	能耗类别代码	一级子类	一级子类代码
燃气	3	天然气	1
		人工煤气	2
		液化气	3
燃油	4	柴油	3
		燃料油	4
外供热源	5	—	—
外供冷源	6	—	—
可再生能源	7	太阳能热水系统	1
		太阳能光伏发电系统	2
		地源热泵系统	3
		风力发电系统	4
		其他可再生能源	5
其他	8	—	—

注:为兼容本标准 2017 版,市政供电子类编码设置为 0。

A. 2. 4 建筑能耗分类分项代码应符合表 A. 2. 4 的规定。

表 A. 2. 4 建筑能耗分类分项代码

序号	分类分项代码	分类分项名称	单位	备注
1	1000A	电	—	—
2	10000	市政供电	kWh	★
3	10A00	照明插座用电	kWh	★
4	10A10	室内照明与插座	kWh	☆
5	10A1A	室内照明	kWh	☆
6	10A1B	室内插座	kWh	☆
7	10A20	公共区域照明和应急照明	kWh	☆
8	10A2C	公共区域照明	kWh	☆
9	10A2D	应急照明	kWh	☆

续表A.2.4

序号	分类分项代码	分类分项名称	单位	备注
10	10A30	室外景观照明	kWh	☆
11	10B00	空调用电	kWh	★
12	10B10	冷热站	kWh	★
13	10B1E	冷冻泵	kWh	★
14	10B1F	冷却泵	kWh	★
15	10B1G	冷热源机组	kWh	★
16	10B1H	冷却塔	kWh	★
17	10B1I	热水泵	kWh	★
18	10B1J	锅炉	kWh	★
19	10B20	空调末端	kWh	☆
20	10B2K	空调箱及新风机组	kWh	☆
21	10B2L	风机盘管	kWh	☆
22	10B2M	空调区域的通排风设备	kWh	☆
23	10B2N	多联机及分体式空调器	kWh	☆
24	10B2P	空气热交换机组	kWh	☆
25	10C00	动力用电	kWh	★
26	10C10	电梯	kWh	☆
27	10C20	给排水系统	kWh	☆
28	10C30	非空调区域的通排风设备	kWh	☆
29	10C50	空气源热泵热水机组	kWh	☆
30	10D00	特殊用电	kWh	★
31	10D10	信息机房	kWh	★
32	10D1A	机房信息设备	kWh	☆
33	10D1B	机房专用空调	kWh	☆
34	10D1C	其他	kWh	☆

续表A.2.4

序号	分类分项代码	分类分项名称	单位	备注
35	10D20	厨房餐厅	kWh	☆
36	10D2A	厨房餐厅设备	kWh	☆
37	10D2B	厨房餐厅空调	kWh	☆
38	10D30	洗衣房	kWh	☆
39	10D3A	洗衣房设备	kWh	☆
40	10D3B	洗衣房其他	kWh	☆
41	10D40	室内游泳池	kWh	★
42	10D4A	游泳池设备	kWh	☆
43	10D4B	游泳池专用空调	kWh	☆
44	10D80	电动汽车充电桩(正向)	kWh	★
45	10D90	建筑储电	—	—
46	10D9A	建筑储电充电	kWh	★
47	10D9B	建筑储电放电	kWh	★
48	10DA0	电开水器	kWh	☆
49	10D60	地下车库	kWh	☆
50	10D50	其他	kWh	☆
51	12000	太阳能光伏供电	kWh	★
52	13000	充电桩反向供电	kWh	☆
53	19000	其他	kWh	☆
54	20000	水	m^3	★
55	21000	管道直饮水	m^3	☆
56	22000	生活用水	m^3	★
57	22A00	建筑物单体用水	m^3	★
58	22B00	住宿功能区用水	m^3	☆
59	22E00	厨房餐厅用水	m^3	☆

续表A.2.4

序号	分类分项代码	分类分项名称	单位	备注
60	22F00	公共浴室用水	m^3	☆
61	22G00	洗衣房用水	m^3	☆
62	22H00	生活热水系统补水	m^3	☆
63	22I00	空调系统补水	m^3	☆
64	22M00	冷却塔补水	m^3	☆
65	22V00	锅炉补水	m^3	☆
66	22J00	游泳池用水	m^3	☆
67	22K00	机动车清洗用水	m^3	☆
68	22L00	绿化灌溉用水	m^3	☆
69	22W00	其他	m^3	☆
70	23000	中水	m^3	★
71	24000	回用雨水	m^3	★
72	25000	消防用水	m^3	☆
73	26000	生产用水	m^3	☆
74	30000	燃气	m^3	★
75	31000	天然气	m^3	☆
76	31M00	冷热源用燃气	m^3	☆
77	31N00	厨房餐厅用燃气	m^3	☆
78	31O00	生活热水用燃气	m^3	☆
79	31P00	其他用燃气	m^3	☆
80	32000	人工煤气	m^3	☆
81	33000	液化气	m^3	☆
82	40000	燃油	L	☆
83	43000	柴油	L	☆
84	44000	燃料油	L	☆

续表A.2.4

序号	分类分项代码	分类分项名称	单位	备注
85	50000	外供热源	kJ	★
86	60000	外供冷源	kJ	★
87	70000	可再生能源	—	—
88	71000	太阳能热水系统	—	—
89	71A00	太阳能热水系统产热量	kJ	★
90	71A20	太阳能热水系统耗电量	kWh	★
91	7200A	太阳能光伏发电系统	—	—
92	72000	太阳能光伏发电系统发电量	kWh	★
93	72B00	太阳能光伏发电系统上网电量	kWh	★
94	73000	地源热泵系统	—	—
95	73A10	地源热泵系统产冷/热量	kJ	★
96	73A20	地源热泵机组耗电量	kWh	★
97	74000	风力发电系统发电量	kWh	★
98	75000	其他可再生能源	—	☆
99	80000	其他能源	—	☆

说明：1. 备注"★"表示数据应通过安装计量装置直接计量得出；"☆"表示数据可通过安装计量装置直接计量或能耗拆分等方法得出。

2. 为保持与2017年版标准兼容，电的代码修改为1000A，市政供电子类代码采用10000，四大分项代码与2017年版标准保持一致。

附录 B　建筑基本信息

表 B　国家机关办公建筑和大型公共建筑用能监测系统基础信息表

建设单位(盖章)　　　　　　　　　　　　填表时间：　　年　　月　　日

<table>
<tr><td colspan="7">* □新建建筑　□既有建筑</td></tr>
<tr><td>* 项目名称</td><td colspan="3"></td><td>* 所属区县</td><td colspan="2"></td></tr>
<tr><td>* 项目地址</td><td colspan="3"></td><td>* 所属街道</td><td colspan="2"></td></tr>
<tr><td>报建编号</td><td colspan="3"></td><td>设计单位</td><td colspan="2"></td></tr>
<tr><td>施工单位</td><td colspan="3"></td><td>监理单位</td><td colspan="2"></td></tr>
<tr><td>* 建筑竣工时间</td><td colspan="3"></td><td>执行节能设计标准</td><td colspan="2">□GB 50189—2005
□GB 50189—2016
□DGJ 08—107—2012
□DGJ 08—107—2015
□其他</td></tr>
<tr><td>* 项目联系人</td><td colspan="3"></td><td>* 联系电话</td><td colspan="2"></td></tr>
<tr><td>上级主管单位</td><td colspan="3"></td><td></td><td colspan="2"></td></tr>
<tr><td>建筑业主单位</td><td colspan="3"></td><td>联系人、联系电话</td><td colspan="2"></td></tr>
<tr><td>物业管理单位</td><td colspan="3"></td><td>联系人、联系电话</td><td colspan="2"></td></tr>
<tr><td>* 用能监测系统施工单位</td><td colspan="3"></td><td>* 联系人、联系电话</td><td colspan="2"></td></tr>
<tr><td>* 用能监测系统运维单位</td><td colspan="3"></td><td>* 联系人、联系电话</td><td colspan="2"></td></tr>
<tr><td rowspan="2">* 建筑面积(m^2)</td><td rowspan="2"></td><td>* 地上</td><td></td><td rowspan="2">* 空调面积(m^2)</td><td colspan="2" rowspan="2"></td></tr>
<tr><td>* 地下</td><td></td></tr>
<tr><td>* 建筑层数</td><td colspan="3">* 地上：　* 地下：</td><td>建筑高度(m)</td><td colspan="2"></td></tr>
<tr><td rowspan="2">建筑体形系数</td><td colspan="3" rowspan="2"></td><td rowspan="2">用电信息</td><td>供应单位</td><td></td></tr>
<tr><td>用电户号</td><td>可填多个</td></tr>
</table>

续表B

<table>
<tr><td rowspan="2">用水信息</td><td>供应单位</td><td></td><td rowspan="2">用气信息</td><td>供应单位</td><td></td></tr>
<tr><td>用水户号</td><td>可填多个</td><td>用气户号</td><td>可填多个</td></tr>
<tr><td>*建筑类型</td><td colspan="5">□机关办公建筑
□办公建筑 □商场建筑 □旅游饭店建筑
□文化建筑 □教育建筑 □医疗卫生建筑
□体育建筑
□会展建筑 □交通建筑 □综合建筑
□其他建筑</td></tr>
<tr><td rowspan="5">*建筑主要功能区及对应建筑面积(m^2)</td><td>主要功能区 1</td><td colspan="4">（请注明办公、商场等）________；面积：________</td></tr>
<tr><td>主要功能区 2</td><td colspan="4">（请注明办公、商场等）________；面积：________</td></tr>
<tr><td>主要功能区 3</td><td colspan="4">（请注明办公、商场等）________；面积：________</td></tr>
<tr><td>地下车库面积</td><td></td><td colspan="2">设备机房面积</td><td></td></tr>
<tr><td>信息机房面积</td><td></td><td colspan="2">其他</td><td>（请注明）</td></tr>
<tr><td>*使用能源种类</td><td colspan="2">□电
□柴油
□天然气
□人工煤气
□可再生能源
□其他（请注明）______</td><td>*空调系统形式</td><td colspan="2">□全空气系统
□风机盘管+新风系统
□变制冷剂流量多联式分体空调机组
□分体式房间空调器
□其他（请注明）______</td></tr>
<tr><td>*空调系统冷源设备</td><td colspan="2">□水冷式冷水机组
□风冷式冷水（热泵）机组
□溴化锂吸收式冷水机组
□风冷多联式空调（热泵）机组
□地源/水源热泵机组
□采用外供的空调冷水
□其他（请注明）______</td><td>*空调系统热源</td><td colspan="2">□燃气锅炉
□电锅炉
□风冷式热泵机组
□溴化锂吸收式热水机组
□风冷多联式热泵机组
□地源/水源热泵机组
□采用外供的空调热水
□其他（请注明）______</td></tr>
<tr><td>*生活热水设备</td><td colspan="2">□燃气锅炉
□电锅炉
□溴化锂吸收式热水机组
□空气源热泵热水机组
□地源/水源热泵机组
□采用外供的生活热水
□其他（请注明）______</td><td>建筑结构形式</td><td colspan="2">□砖混结构
□混凝土结构
□钢结构
□木结构
□其他（请注明）______</td></tr>
</table>

续表B

<table>
<tr><td>建筑外墙保温形式</td><td colspan="2">□内保温
□外保温
□夹芯保温
□内外组合保温
□其他(请注明)______</td><td>建筑外墙材料形式</td><td>□实心黏土砖
□空心黏土砖(多孔)
□灰砂砖
□加气混凝土砌块
□玻璃幕墙
□混凝土小型空心砌块(多孔)
□其他(请注明)______</td></tr>
<tr><td>建筑遮阳类型</td><td colspan="2">□外遮阳
□中置遮阳
□其他(请注明)______</td><td>建筑外窗类型</td><td>□单玻单层窗
□单玻双层窗
□单玻单层窗+单玻双层窗
□中空双层玻璃窗
□中空三层玻璃窗
□中空充惰性气体
□其他(请注明)______</td></tr>
<tr><td rowspan="6">* 可再生能源应用</td><td colspan="2">□太阳能光伏发电</td><td colspan="2">装机容量:________kW
光伏面积:________m^2
设计发电效率:________%</td></tr>
<tr><td colspan="2">□太阳能热水</td><td colspan="2">水箱容量:________L
设计出水温度:________℃</td></tr>
<tr><td colspan="2">□风力发电</td><td colspan="2">台数:________台
装机容量:________kW</td></tr>
<tr><td colspan="2">□地热</td><td colspan="2">额定制冷量:________kW
额定制热量:________kW</td></tr>
<tr><td colspan="2">□生物质能</td><td colspan="2">生物质种类:________
生物质利用方法:________</td></tr>
<tr><td colspan="2">□其他(请注明)______</td><td colspan="2">详细参数说明:________</td></tr>
<tr><td>* 特殊用电</td><td colspan="2">□信息机房
□洗衣房
□车库</td><td colspan="2">□充电桩
□厨房餐厅
□其他(请注明)______</td></tr>
<tr><td rowspan="2">信息机房概况</td><td>机柜</td><td>机柜总数量:______
其中预留机柜数量:________</td><td>UPS 装机容量(kVA)</td><td></td></tr>
<tr><td>功率(kW)</td><td>设备总功率:______
其中 IT 设备功率:________</td><td>服务形式</td><td>□自用□托管</td></tr>
</table>

续表B

<table>
<tr><td rowspan="6">充电桩安装情况</td><td rowspan="3">直流充电桩</td><td colspan="3">总数量：</td></tr>
<tr><td colspan="3">充电桩功率：
___ * ___kW
___ * ___kW</td></tr>
<tr><td colspan="3">和配电系统的关系：
□纳入建筑配电系统　□独立于建筑配电系统</td></tr>
<tr><td rowspan="3">交流充电桩</td><td colspan="3">总数量：</td></tr>
<tr><td colspan="3">充电桩功率：
___ * ___kW
___ * ___kW</td></tr>
<tr><td colspan="3">和配电系统的关系：
□纳入建筑配电系统　□独立于建筑配电系统</td></tr>
<tr><td rowspan="3">* 配电系统概况</td><td colspan="4">低压配电间数量：___ 变压器数量：___</td></tr>
<tr><td colspan="4">变压器容量：
___ * ___kVA
___ * ___kVA
___ * ___kVA</td></tr>
<tr><td colspan="4">低压配电间供电干线总回路数：________
低压配电间供电干线实际安装多功能电表回路数：________
低压配电间供电干线未安装多功能电表回路数：________</td></tr>
<tr><td colspan="5">* 如为机关办公建筑，需补充以下信息</td></tr>
<tr><td>办公形式</td><td colspan="2">□集中办公　□独立办公</td><td>用能单位数量(家)</td><td></td></tr>
<tr><td>总用能人数(人)</td><td colspan="4">办公人数：________　　物业服务人数：________</td></tr>
<tr><td>运行时间</td><td colspan="4">工作日：___：___至___：___
节假日：___：___至___：___</td></tr>
<tr><td colspan="5">* 如为办公建筑，需补充以下信息</td></tr>
<tr><td>主要办公类型</td><td colspan="4">□金融业□信息技术业□新闻传媒业□科研院所 □其他行业</td></tr>
<tr><td>设计人员密度(人/m^2)</td><td colspan="4"></td></tr>
<tr><td>运行时间</td><td colspan="4">工作日：___：___至___：___
节假日：___：___至___：___</td></tr>
</table>

续表B

* 如为商场建筑，需补充以下信息	
主要业态类型	□百货店及购物中心　□大型综合超市　□家电专业店 □餐饮店
设计客流量(人)	
* 如为旅游饭店建筑，需补充以下信息	
等级	□五星级或同等标准　□四星级或同等标准　□其他
客房套数	
* 如为文化建筑，需补充以下信息	
主要使用类型	□图书馆　□社区文化活动中心　□博物馆　□展览馆　□剧场 □其他
设计客流量(人)	
* 如为教育建筑，需补充以下信息	
所属学校类型 (可多选)	□幼儿园　□小学　□初中　□高中　□中等专业/职业学校 □高等学校(本科)　□高等学校(专科)　□其他
用途分类	□教室　□图书馆(图文信息中心)　□体育馆　□大礼堂 □行政办公　□生活用房　□实验室　□其他
* 如为医疗卫生建筑，需补充以下信息	
所属医院类型	□综合　□专科
所属医院等级	□三级甲等　□三级乙等　□二级甲等　□二级乙等　□一级甲等 □一级乙等　□其他
所属医院性质	□公立　□私立
用途分类	□门急诊楼　□医技楼　□行政办公楼　□体检中心　□普通病房 □高级病房　□手术楼　□综合　□其他
设计床位数(张)	
* 如为体育建筑，需补充以下信息	
体育建筑分类	□体育场　□体育馆　□游泳馆　□其他
专项用途 (可多选)	□有专业训练功能　□有冰上运动场地

续表B

设计观众席 容量(人)	
附加信息:	

说明:“*”标项为必填内容。

附录C　数据采集点表

表C.0.1　电耗数据采集点表

计量装置编号	计量装置名称	生产厂家	计量装置型号	安装位置	开关柜编号	互感器互比	能耗分类	能耗子类	能耗分项	一级子项	二级子项

表C.0.2　水/气耗数据采集点表

计量装置编号	计量装置名称	生产厂家	计量装置型号	安装位置	能耗分类	能耗子类	能耗分项	一级子项	二级子项

表C.0.3　环境数据采集点表

计量装置编号	计量装置名称	计量装置类型	生产厂家	计量装置型号	安装位置

附录 D 建筑信息上传通信协议

D.1 建筑基础信息同步

D.1.1 新增建筑基础信息接口描述如下：

[请求路径] /api/v3/buildings/{platformId}

[请求类型] POST

[Content-Type] application/json

[Headers 参数] token：XXXX（平台代码加上密钥经过SM3 国密算法摘要签名后转为 16 进制字符串数据）

[参数说明]

platformId：平台代码，具体格式见本标准附录 A.1.2-1。

SM3 算法见国家标准《信息安全技术 SM3 密码杂凑算法》GB/T 32905—2016，摘要值长度为 256 位。示例如下：

原文：sm3

密文：d0c7f21dc640a69786764d688920d4d968a103a437a6159b9e7cc7c4b826b8ac

请求内容具体格式见 D.1.4 建筑基础信息传输格式。

本标准附录 B 中带 * 号的项为必填项。

D.1.2 修改建筑基础信息接口描述如下：

[请求路径] /api/v3/buildings/update/{platformId}

[请求类型] POST

[Content-Type] application/json

[Headers 参数] token：XXXX（平台代码加上密钥经过SM3 国密算法摘要签名后转为 16 进制字符串数据）

［参数说明］

platformId：平台代码，具体格式见本标准附录 A.1.2-1。

请求内容具体格式见 D.1.4 建筑基础信息传输格式。

D.1.3 建筑注销申请接口描述如下：

［请求路径］ /api/v3/buildings/delete/{platformId}/{buildingId}

［请求类型］ POST

［参数说明］

platformId：平台代码，具体格式见本标准附录 A.1.2-1。

buildingId：建筑编码，具体格式见本标准附录 A.1.1。

需要上传两个文件：注销情况说明请求的 key 是 descriptionFile，请求的内容是 multipart/form-data 编码后的文件内容，支持 doc、docx 格式；注销证明材料（盖章版）请求的 key 是 descriptionImage，请求的内容是 multipart/form-data 编码后的文件内容，支持 jpg、png 以及 pdf 格式。文件格式和大小要求详见表 D.3.4。

D.1.4 建筑基础信息传输格式如下：

建筑信息通过 JSON 格式传输，具体格式如下：

```
{
    "buildingId":"xxxxxx",
    "buildProperty": "1",
    "buildingName": "XXXX大厦",
    "cityCode": "310120",
    "streetName":"XX街道"
    "buildingAddress": "奉贤区xx路xxx号",
    "buildToEstablishCode": "xxxxx",
    "buildDesignDept": "上海XX有限公司",
    "buildWorkDept": "上海XX有限公司",
    "buildSuperVisionDept": "上海XX有限公司",
    "finishTime": "2021-01-01",
    "energyDesignStandard": "C",
```

"projectContacts"："张三"，
"projectContactsPhone"："138XXXXXXXX"，
"competentDept"："XX 区建管委"，
"ownerUnit"："上海 XXXX 有限公司"，
"ownerUnitPhone"："张三 138XXXXXXXX"，
"propertyManagement"："XX 物业"，
"propertyManagementPhone"："张三 138XXXXXXXX"，
"workDept"："上海 XXXX 有限公司"，
"workDeptPhone"："张三 138XXXXXXXX"，
"workOperation"："上海 XXXX 有限公司"，
"workOperationPhone"："张三 138XXXXXXXX"，
"buildingArea"：32000.5，
"totalAreaUp"：20000.3，
"totalAreaDown"：12000.2，
"airConditionerArea"：1000.5，
"aboveLayerNumber"：5，
"belowLayerNumber"：1，
"buildingHeight"：27.6，
"shapeCoefficient"：0.42，
"electricitySupplyUnit"："XX 单位"，
"electricityUserNumber"："134555,234444,666555"，
"waterSupplyUnit"："XX 单位"，
"waterUserNumber"："134555,234444,666555"，
"gasSupplyUnit"："XX 单位"，
"gasUserNumber"："134555,234444,666555"，
"buildTypeCode"："B"，
"buildingFunction"："C"，
"officeArea"：1000.2，
"mallArea"：1000.2，
"hotelArea"：1000.2，

"undergroundGarageArea"：1000.2,
"equipmentRoomArea"：1000.2,
"informationRoomArea"：1000.2,
"otherArea"：21000,
"otherAreaRemark"："XX区:1000,AA区:20000",
"useEnergyType"："A,E",
"useEnergyTypeOther"："",
"airConditioningSystem"："B,C",
"airConditioningSystemOther"："",
"coldSystem"："A,B",
"coldSystemOther"："",
"heatSystem"："A,B",
"heatSystemOther"："",
"hotWater"："A,B",
"hotWaterOther"：null,
"buildingStructure"："A,B",
"buildingStructureOther"："",
"wallWarm"："A,B",
"wallWarmOther"："",
"wallMaterial"："A,B",
"wallMaterialOther"："",
"shadeType"："A,B",
"shadeTypeOther"："",
"windowType"："A,B",
"windowTypeOther"："",
"renewableEnergy"："A,B,C,D,E,F",
"solarCapacity"：10.5,
"solarArea"：500.5,
"solarPower"：50.5,
"waterCapacity"：100,

"waterTemperature"：20.5，
"windmillNumber"：10，
"windmillPower"：20，
"geothermalCooling"：50.5，
"geothermalHeat"：60.6，
"biologicSpecies"："生物质种类"，
"biologicRemark"："生物质利用方法"，
"renewableEnergyOther"："其他能源"，
"renewableEnergyOtherRemark"："其他能源参数"，
"specialInformation"："A,B,C"，
"specialInformationOther"："1"，
"totalCabinetNumber"：10，
"reservedCabinetNumber"：5，
"uspInstalledCapacity"：5，
"totalEquipmentPower"：10，
"itEuipmentPower"：10，
"serviceForm"："1"，
"dcPileNumber"：10，
"acPileNumber"：10，
"dcPilePower"：10 * 10，
"acPilePower"：10 * 10，
"dcRelationship"："1"，
"acRelationship"："2"，
"powerSystemRelationship"："1"，
"lowVoltageRoomNumber"：10，
"transformerNumber"：10，
"transformerCapacity"："2 * 2000,1 * 1000,3 * 3000"，
"circuitNumber"：10，
"installedCircuitNumber"：5，
"uninstalledCircuitNumber"：5，

"officeForm": "1",
"energyUnitsNumber": 10,
"officeWorkerNumber": 100,
"propertyServiceNumber": 50,
"governmentWeekday": "08:30 至 17:00",
"governmentHoliday": "08:30 至 17:00",
"mainOfficeType": "A",
"personnelDensity": 0.1,
"officeWeekday": "08:30 至 17:00",
"officeHoliday": "08:30 至 17:00",
"mainMarketType": "A",
"marketPassengerFlow": 5000,
"hotelLevel": "A",
"hotelRoomNumber": 1000,
"mainCultureType": "A",
"culturePassengerFlow": 2000,
"mainSchoolType": "A",
"schoolClassification": "A",
"mainHospitalType": "A",
"hospitalLevel": "A",
"hospitalNature": "A",
"hospitalClassification": "A",
"mainSportType": "A",
"sportClassification": "A",
"audienceNumber": 500,
"remark": "XXXX"
}

D.1.5 建筑信息字段说明见表 D.1.5。

表 D.1.5　建筑信息字段说明

字段名称	字段类型	说明
buildingId	字符型	建筑编码
buildProperty	字符型	建筑属性，单选：1. 既有建筑，2. 新增建筑
buildingName	字符型	建筑名称
cityCode	字符型	所属区，按本标准附录 A.1.2-2 中列出的行政区划编码
streetName	字符型	所属街道，填写格式：XX 街道
buildingAddress	字符型	建筑地址
buildToEstablishCode	字符型	报建编号
buildDesignDept	字符型	设计单位
buildWorkDept	字符型	施工单位
buildSuperVisionDept	字符型	监理单位
finishTime	字符型	竣工日期：yyyy-MM-dd
energyDesignStandard	字符型	执行节能设计标准单选 A：GB 50189—2005 B：DGJ 08—107—2012 C：DGJ 08—107—2015 E：GB 50189—2016 D：其他
projectContacts	字符型	项目联系人
projectContactsPhone	字符型	项目联系人电话
competentDept	字符型	上级主管单位
ownerUnit	字符型	建筑业主单位
ownerUnitPhone	字符型	建筑业主联系人电话
propertyManagement	字符型	物业管理单位
propertyManagementPhone	字符型	物业联系人电话
workDept	字符型	用能监测系统实施单位
workDeptPhone	字符型	用能监测系统联系人电话
workOperation	字符型	用能监测系统运维单位

续表D.1.5

字段名称	字段类型	说明
workOperationPhone	字符型	用能监测系统运维单位联系人电话
buildingArea	浮点型,保留两位小数	建筑面积,单位:m^2
totalAreaUp	浮点型,保留两位小数	地上面积,单位:m^2
totalAreaDown	浮点型,保留两位小数	地下面积,单位:m^2
airConditionerArea	浮点型,保留两位小数	空调面积,单位:m^2
aboveLayerNumber	整型	地上层数
belowLayerNumber	整型	地下层数
buildingHeight	浮点型,保留两位小数	建筑高度,单位:m
shapeCoefficient	浮点型,保留两位小数	建筑体形系数,可以输入小数
electricitySupplyUnit	字符型	用电供应单位
electricityUserNumber	字符型	用电户号,多个户号用逗号隔开,如:134555, 234444, 666555
waterSupplyUnit	字符型	用水供应单位
waterUserNumber	字符型	用水户号,多个户号用逗号隔开,如:134555, 234444, 666555
gasSupplyUnit	字符型	用气供应单位
gasUserNumber	字符型	用气户号,多个户号用逗号隔开,如:134555, 234444, 666555
buildTypeCode	字符型	建筑类型单选　A:国家机关办公建筑;B:公共建筑
buildingFunction	字符型	建筑功能单选 对于国家机关: A:机关办公建筑 对于大型公建: A:办公建筑;B:商场建筑;C:宾馆饭店建筑;D:文化建筑;E:医疗卫生建筑;F:体育建筑;G:综合建筑;H:教育建筑;I:会展建筑;J:交通建筑;Z:其他建筑
officeArea	浮点型,保留两位小数	办公面积,单位:m^2

续表D.1.5

字段名称	字段类型	说明
mallArea	浮点型,保留两位小数	商场面积,单位:m^2
hotelArea	浮点型,保留两位小数	宾馆饭店面积,单位:m^2
undergroundGarageArea	浮点型,保留两位小数	地下车库面积,单位:m^2
equipmentRoomArea	浮点型,保留两位小数	设备机房面积,单位:m^2
informationRoomArea	浮点型,保留两位小数	信息机房面积,单位:m^2
otherArea	浮点型,保留两位小数	其他面积,单位:m^2
otherAreaRemark	字符型	其他备注 如有其他功能区面积,请在“其他”中填写总面积,在“其他备注”中填写功能区名称和面积,不同功能区以逗号隔开,如: XX区:1000,AA区:20000
useEnergyType	字符型	使用能源种类 A:电 B:柴油 C:天然气 D:人工煤气 E:其他 F:可再生能源 如果能源种类有多种,用逗号隔开,如:A, B
useEnergyTypeOther	字符型	如使用能源种类中选择了其他,请填写次项
airConditioningSystem	字符型	空调形式 E:全空气系统 F:风机盘管+新风系统 B:变制冷剂流量多联式分体空调机组 C:分体式房间空调器 D:其他 如果有多种形式,用逗号隔开,如:B, D
airConditioningSystemOther	字符型	如空调形式中选择了其他,请填写次项

续表D.1.5

字段名称	字段类型	说明
coldSystem	字符型	空调系统冷源设备 A:水冷式冷水机组 F:风冷式冷水(热泵)机组 B:溴化锂吸收式冷水机组 C:风冷多联式空调(热泵)机组 D:地源/水源热泵机组 E:采用外供的空调冷水 Z:其他 如果有多种形式,用逗号隔开,如:A, B, D
coldSystemOther	字符型	如冷源设备中选择了其他,请填写次项
heatSystem	字符型	空调系统热源 A:燃气锅炉 B:电锅炉 G:风冷式热泵机组 C:溴化锂吸收式热水机组 D:风冷多联式热泵机组 E:地源/水源热泵机组 F:采用外供的空调热水 Z:其他 如果有多种形式,用逗号隔开,如:A,B,D
heatSystemOther	字符型	如热源设备中选择了其他,请填写次项
hotWater	字符型	生活热水设备 A:燃气锅炉 B:电锅炉 C:溴化锂吸收式热水机组 D:空气源热泵热水机组 E:地源/水源热泵机组 F:采用外供的生活热水 Z:其他 如果有多种形式,用逗号隔开,如:A,B,D
hotWaterOther	字符型	如生活热水设备中选择了其他,请填写次项

续表D. 1. 5

字段名称	字段类型	说明
buildingStructure	字符型	建筑结构形式 A:砖混结构 B:混凝土结构 C:钢结构 D:木结构 F:其他 如果有多种形式,用逗号隔开,如:A,B,D
buildingStructureOther	字符型	如建筑结构形式中选择了其他,请填写次项
wallWarm	字符型	建筑外墙保温形式 A:内保温 B:外保温 C:夹芯保温 E:内外组合保温 D:其他 如果有多种形式,用逗号隔开,如:A,B,D
wallWarmOther	字符型	如建筑外墙保温形式中选择了其他,请填写次项
wallMaterial	字符型	建筑外墙材料形式 A:实心黏土砖 B:空心黏土砖(多孔) C:灰砂砖 D:加气混凝土砌块 G:玻璃幕墙 E:混凝土小型空心砌块(多孔) F:其他 如果有多种形式,用逗号隔开,如:A,B,D
wallMaterialOther	字符型	如建筑外墙材料形式中选择了其他,请填写次项
shadeType	字符型	建筑遮阳类型 A:外遮阳 B:中置遮阳 Z:其他 如果有多种形式,用逗号隔开,如:A,B,D

续表D.1.5

字段名称	字段类型	说明
shadeTypeOther	字符型	如建筑遮阳类型中选择了其他，请填写次项
windowType	字符型	建筑外窗类型 A:单玻单层窗 B:单玻双层窗 C:单玻单层窗+单玻双层窗 D:中空双层玻璃窗 E:中空三层玻璃窗 F:中空充惰性气体 G:其他 如果有多种形式，用逗号隔开，如:A,B,D
windowTypeOther	字符型	如建筑外窗类型中选择了其他，请填写次项
renewableEnergy	字符型	可再生能源 A:太阳能光伏 B:太阳能热水 C:风力发电 D:地热 E:生物质能 F:其他 如果有多种形式，用逗号隔开，如:A,B,D
solarCapacity	浮点型，保留两位小数	装机容量，单位:kW
solarArea	浮点型，保留两位小数	光伏面积，单位:m^2
solarPower	浮点型，保留两位小数	设计发电效率，单位:%
waterCapacity	浮点型，保留两位小数	水箱容量，单位:L
waterTemperature	浮点型，保留两位小数	设计出水温度，单位:℃
windmillNumber	整型	台数
windmillPower	浮点型，保留两位小数	装机容量，单位:kW
geothermalCooling	浮点型，保留两位小数	额定制冷量，单位:kW
geothermalHeat	浮点型，保留两位小数	额定制热量，单位:kW
biologicSpecies	字符型	生物质种类

续表D.1.5

字段名称	字段类型	说明
biologicRemark	字符型	生物质利用方法
renewableEnergyOther	字符型	如可再生能源中选择了其他，请填写次项
renewableEnergyOther Remark	字符型	其他能源详细参数说明
specialInformation	字符型	特殊用电： A：信息机房 B：充电桩 C：洗衣房 D：厨房餐厅 E：车库 Z：其他
specialInformationOther	字符型	如特殊用电中选择了其他，请填写次项
totalCabinetNumber	整型	机柜总数
reservedCabinetNumber	整型	预留机柜数量
uspInstalledCapacity	浮点型，保留两位小数	UPS 装机容量，单位：kVA
totalEquipmentPower	浮点型，保留两位小数	设备总功率，单位：kW
itEuipmentPower	浮点型，保留两位小数	IT 设备功率，单位：kW
serviceForm	字符型	服务形式 1：自用 2：托管
dcPileNumber	整型	直流充电桩总数量
acPileNumber	整型	交流充电桩总数量
dcPilePower	字符型	直流充电桩功率 多个充电桩用逗号隔开，如：两台 10 kW、一台 100 kW，请填写“2 * 10，1 * 100”，不要超过 100 字符
acPilePower	字符型	交流充电桩功率 多个充电桩用逗号隔开，如：两台 10 kW、一台 100 kW，请填写“2 * 10，1 * 100”，不要超过 100 字符

续表D.1.5

字段名称	字段类型	说明
dcRelationship	字符型	直流充电桩和配电系统关系: 1:纳入建筑配电系统 2:独立于建筑配电系统
acRelationship	字符型	交流充电桩和配电系统关系: 1:纳入建筑配电系统 2:独立于建筑配电系统
lowVoltageRoomNumber	整型	低压配电间数量
transformerNumber	整型	变压器数量
transformerCapacity	字符型	变压器容量 多个变压器用逗号隔开,如:两台2 000 kVA、一台1 000 kVA、三台3 000 kVA的变压器,请填写"2 * 2000, 1 * 1000, 3 * 3000",不要超过100字符
circuitNumber	整型	低压配电间供电干线总回路数
installedCircuitNumber	整型	低压配电间供电干线实际安装多功能电表回路数
uninstalledCircuitNumber	整型	低压配电间供电干线未安装多功能电表回路数
remark	字符型	其他附加信息,不要超过255字符
如为机关办公建筑,需补充以下信息		
officeForm	字符型	办公形式 1:集中办公 2:独立办公
energyUnitsNumber	整型	用能单位数量,单位:家
officeWorkerNumber	整型	办工人数
propertyServiceNumber	整型	物业服务人数
governmentWeekday	字符型	机关办公建筑工作日运行时间, 格式:HH:mm至HH:mm 如:08:30至17:00
governmentHoliday	字符型	机关办公建筑节假日运行时间, 格式:HH:mm至HH:mm 如:08:30至17:00

续表D.1.5

字段名称	字段类型	说明
如为办公建筑,需补充以下信息		
mainOfficeType	字符型	主要办公类型 A:金融业 B:信息技术业 C:新闻传媒业 D:科研院所 Z:其他行业
personnelDensity	浮点型,保留两位小数	设计人员密度,单位:人/m^2
officeWeekday	字符型	办公建筑工作日运行时间, 格式:HH:mm 至 HH:mm 如:08:30 至 17:00
officeHoliday	字符型	办公建筑节假日运行时间: 格式:HH:mm 至 HH:mm 如:08:30 至 17:00
如为商场建筑,需补充以下信息		
mainMarketType	字符型	主要业态类型 A:百货店及购物中心 B:大型综合超市 C:家电专业店 D:餐饮店
marketPassengerFlow	整型	设计客流量,单位:人
如为旅游饭店建筑,需补充以下信息		
hotelLevel	字符型	星级 A:五星级或同等标准 B:四星级或同等标准 C:其他
hotelRoomNumber	整型	客房套数
如为文化建筑,需补充以下信息		
mainCultureType	字符型	主要使用类型 A:图书馆 B:社区文化活动中心 C:博物馆 D:展览馆 E:剧场 Z:其他

续表D.1.5

字段名称	字段类型	说明
culturePassengerFlow	整型	设计客流量,单位:人
如为教育建筑,需补充以下信息		
mainSchoolType	字符型	所属学校类型 A:幼儿园 B:小学 C:初中 D:高中 E:中等专业/职业学校 F:高等学校(本科) G:高等学校(专科) Z:其他
schoolClassification	字符型	用途分类 A:教室 B:图书馆(图文信息中心) C:体育馆 D:大礼堂 E:行政办公 F:生活用房 G:实验室 Z:其他
如为医疗卫生建筑,需补充以下信息		
mainHospitalType	字符型	所属医院类型 A:综合 B:专科
hospitalLevel	字符型	所属医院等级 A:三级甲等 B:三级乙等 C:二级甲等 D:二级乙等 E:一级甲等 F:一级乙等 Z:其他
hospitalNature	字符型	所属医院性质 A:公立 B:私立

续表D. 1. 5

字段名称	字段类型	说明
hospitalClassification	字符型	用途分类 A:门急诊楼 B:医技楼 C:行政办公楼 D:体检中心 E:普通病房 F:高级病房 G:手术楼 H:综合 Z:其他
hospitalBed	整型	设计床位数,单位:张
如为体育建筑,需补充以下信息		
mainSportType	字符型	体育建筑分类 A:体育场 B:体育馆 C:游泳馆 Z:其他
sportClassification	字符型	用途分类 A:有专业训练功能 B:有冰上运动场地
audienceNumber	整型	设计观众席容量,单位:人

D. 2 计量装置信息同步

D. 2. 1 能耗监测分平台应在上传建筑基础信息后,同步上传计量装置信息、能耗分项和计量装置配置关系、公共机构分户计量装置配置关系。修改时,计量装置信息与能耗分项配置关系需配套同时上传。

D. 2. 2 同步计量装置信息协议

1 新增计量装置接口描述。

[请求路径] /api/v3/meters/{platformId}

[请求类型] POST

[Content-Type] application/json

[Headers 参数] token：XXXX（平台代码加上密钥经过SM3国密算法摘要签名后转为16进制字符串数据）

[参数说明]

platformId：平台代码，具体格式见本标准附录A.1.2-1。

[请求内容格式]


```
{
  "buildingId": "xxxx",
  "meterList": [
    {
      "meterId": "xxx",
      "type": xxx,
      "name": "xxx",
      "location": "xxx",
      "switchNumber":"xxx",
      "transformerRate":"400/5",
      "factory":"xxx",
      "model":"xxx",
      "parameters": ["xxx","xxx"]
    },
    {
      "meterId ": "xxx",
      "type": xxx,
      "name": "xxx",
      "location": "xxx",
      "switchNumber":"xxx",
      "transformerRate":"400/5",
      "factory":"xxx",
      "model":"xxx",
      "parameters": ["xxx","xxx"]
```

    }
  ]
}

2 更新单个计量装置信息接口描述。

[使用说明] 本接口更新单个计量装置信息(计量装置类型不允许修改),多个计量装置属性信息更新,建议使用全量变更计量装置信息接口

[请求路径] /api/v3/meters/update/{platformId}/meter

[请求类型] POST

[Content-Type] application/json

[Headers 参数] token: XXXX(平台代码加上密钥经过SM3 国密算法摘要签名后转为 16 进制字符串数据)

[参数说明]

platformId:平台代码,具体格式见本标准附录 A.1.2-1。

[请求内容格式]

```
{
  "meterId": "xxx",
  "type": xxx,      //不允许修改
  "name": "xxx",
  "location": "xxx",
  "switchNumber":"xxx",
  "transformerRate":"400/5",
  "factory":"xxx",
  "model":"xxx",
  "parameters": ["xxx","xxx"]
}
```

3 全量变更计量装置信息接口描述。

[使用说明] 市级平台将对提交的数据通过 meterId 与原库进行比对,与原库中 meterId 相同的数据将做信息更新处理,原库

中未找到 meterId 的数据将做新增处理，不提交原库中已存的 meterID 数据将做删除处理

[请求路径] /api/v3/meters/update/{platformId}

[请求类型] POST

[Content-Type] application/json

[Headers 参数] token：XXXX（平台代码加上密钥经过 SM3 国密算法摘要签名后转为 16 进制字符串数据）

[参数说明]

platformId：平台代码，具体格式见本标准附录 A.1.2-1。

[请求内容格式]


```
{
  "buildingId": "xxxx",
  "meterList": [
    {
      "meterId": "xxx",
      "type": xxx,
      "name": "xxx",
      "location": "xxx",
      "switchNumber":"xxx",
      "transformerRate":"400/5",
      "factory":"xxx",
      "model":"xxx",
      "parameters": ["xxx","xxx"]
    },
    {
      "meterId ": "xxx",
      "type": xxx,
      "name": "xxx",
      "location": "xxx",
      "switchNumber":"xxx",
```

"transformerRate":"400/5",
"factory":"xxx",
"model":"xxx",
"parameters": ["xxx","xxx"]
}
]
}

D. 2. 3 同步能耗分项和计量装置配置关系

1 新增能耗分项和计量装置配置关系接口描述。

[请求路径] /api/v3/energyItems/{platformId}

[请求类型] POST

[Content-Type] application/json

[Headers 参数] token：XXXX（平台代码加上密钥经过SM3国密算法摘要签名后转为16进制字符串数据）

[参数说明]

platformId：平台代码，具体格式见本标准附录 A. 1. 2-1。

[请求内容格式]

{
"buildingId": "xxxx",
"energyItems": [
{"energyCode":"xxxxx",
"meters":[
{"meterId":"xxxx",
"parameter":"xxxx",
"rate":1.0},
{"meterId":"xxxx",
"parameter":"xxxx",
"rate":1}
]},
{"energyCode":"xxxxx",

```
    "meters":[
        {"meterId":"xxxx",
         "parameter":"xxxx",
         "rate":1.0},
        {"meterId":"xxxx",
         "parameter":"xxxx",
         "rate":1.0}
    ]}
  ]
}
```


2 全量修改建筑能耗分项和计量装置配置关系接口描述。

[请求路径] /api/v3/energyItems/update/{platformId}

[请求类型] POST

[Content-Type] application/json

[Headers 参数] token: XXXX(平台代码加上密钥经过SM3国密算法摘要签名后转为16进制字符串数据)

[参数说明]

platformId:平台代码,具体格式见本标准附录A.1.2-1。

[请求内容格式]

与新增格式相同。

3 修改单个能耗分项和计量装置配置关系接口描述。

[请求路径] /api/v3/energyItems/update/{platformId}/energyItem

[请求类型] POST

[Content-Type] application/json

[Headers 参数] token: XXXX(平台代码加上密钥经过SM3国密算法摘要签名后转为16进制字符串数据)

[参数说明]

platformId:平台代码,具体格式见本标准附录A.1.2-1。

[请求内容格式]


```
{
    "buildingId": "xxxx",
    "energyCode":"xxxxx",
    "meters":[
            {"meterId":"xxxx",
             "parameter":"xxxx",
             "rate":1.0},
            {"meterId":"xxxx",
             "parameter":"xxxx",
             "rate":1}
    ]
}
```


D.2.4 同步分户计量和计量装置配置关系

1 新增分户计量和计量装置配置关系接口描述。

[请求路径] /api/v3/departments/{platformId}

[请求类型] POST

[Content-Type] application/json

[Headers 参数] token: XXXX(平台代码加上密钥经过SM3 国密算法摘要签名后转为 16 进制字符串数据)

[参数说明]

platformId:平台代码,具体格式见本标准附录 A.1.2-1。

[请求内容格式]


```
{
    "departments": [
       {
       "departmentId":"xxxxx",
       "departmentName":"xxxxx",
       "energyItems": [
              {"energyCode":"xxxxx",
              "meters":[
```

{"meterId":"xxxx",
"parameter":"xxxx",
"rate":1.0},
{"meterId":"xxxx",
"parameter":"xxxx",
"rate":1}
]},
{"energyCode":"xxxxx",
"meters":[
{"meterId":"xxxx",
"parameter":"xxxx",
"rate":1.0},
{"meterId":"xxxx",
"parameter":"xxxx",
"rate":1.0}
]}
]
},
{
"departmentId":"xxxxx",
"departmentName":"xxxxx",
"energyItems":[…]
}
]
}

2 全量修改分户计量与计量装置配置关系接口描述。

[请求路径] /api/v3/departments/update/{platformId}

[请求类型] POST

[Content-Type] application/json

[Headers 参数] token:XXXX(平台代码加上密钥经过

SM3 国密算法摘要签名后转为 16 进制字符串数据)

[参数说明]

platformId:平台代码,具体格式见本标准附录 A.1.2-1。

[请求内容格式]

与新增格式相同。

3 修改单个分户计量与计量装置配置关系接口描述。

[请求路径] /api/v3/departments/update/{platformId}/department

[请求类型] POST

[Content-Type] application/json

[Headers 参数] token: XXXX(平台代码加上密钥经过 SM3 国密算法摘要签名后转为 16 进制字符串数据)

[参数说明]

platformId:平台代码,具体格式见本标准附录 A.1.2-1。

[请求内容格式]


```
{
    "departmentId":"xxxxx",
    "departmentName":"xxxxx",
    "energyItems":[
            {"energyCode":"xxxxx",
            "meters":[
                {"meterId":"xxxx",
                "parameter":"xxxx",
                "rate":1.0},
                {"meterId":"xxxx",
                "parameter":"xxxx",
                "rate":1}
            ]}
    ]
}
```

D.2.5 JSON 格式字段说明见表 D.2.5。

表 D.2.5 字段说明

字段名称	字段类型	说明
platformId	字符型	平台代码
buildingId	字符型	建筑编码
meterId	字符型	计量装置编码
name	字符型	计量装置名称，最长 50 个字符
location	字符型	计量装置安装位置，最长 50 个字符
switchNumber	字符型	电表开关柜编号，其他计量装置为 null
transformerRate	字符型	电表互感器互比，其他计量装置为 null
factory	字符型	计量装置生产厂家
model	字符型	计量装置型号
type	整型	计量装置类型，应符合表 4.3.3-1 规定，新增审批通过以后该字段不允许修改
parameters	字符数组	数组中为计量装置参数代码，应在表 4.3.3 范围内
energyCode	字符型	能耗分类分项编码，应符合表 B.2.4 规定
parameter	字符型	计量装置参数代码，应在表 4.3.3 范围内
rate	双精度浮点型	表示计量装置数据的分配比例，如果为负数，则为减去
departmentId	字符型	部门编码，最长 20 个字符
departmentName	字符型	部门名称，最长 50 个字符

D.3 建筑附件信息上传

D.3.1 建筑附件信息上传协议接口描述如下：

［请求路径］/api/v3/attachments/{platformId}/{buildingId}/{fileCode}

［请求类型］POST

［Content-Type］multipart/form-data

［Headers 参数］token：XXXX（平台代码加上密钥经过SM3国密算法摘要签名后转为16进制字符串数据）

［参数说明］

platformId：平台代码，具体格式见本标准附录A.1.2-1。

buildingId：建筑编码，具体格式见本标准附录A.1.1。

fileCode：文件编码，详见表D.3.3。

请求的key为"files"，内容是multipart/form-data编码后的文件内容，支持jpg、png以及pdf格式，可以一次传输多个文件，文件格式和大小要求详见表D.3.4。

D.3.2 修改建筑附件信息上传协议接口描述如下：

［请求路径］/api/v3/attachments/update/{platformId}/{buildingId}/{fileCode}

［请求类型］POST

［Content-Type］multipart/form-data

［Headers 参数］token：XXXX（平台代码加上密钥经过SM3国密算法摘要签名后转为16进制字符串数据）

［参数说明］

platformId：平台代码，具体格式见本标准附录A.1.2-1。

buildingId：建筑编码，具体格式见本标准附录A.1.1。

fileCode：文件编码，详见表D.3.3。

请求的key为"files"，内容是multipart/form-data编码后的文件内容，支持jpg、png以及pdf格式，可以一次传输多个文件，文件格式和大小要求详见表D.3.4。

D.3.3 建筑附件类型定义说明如下：

建筑附件类型编码的设置应符合表D.3.3的规定。

表 D.3.3 建筑附件类型编码

大类	子类	编码
基础信息备案表(盖章)		100
系统图	电	201
系统图	水	202
系统图	气	203
外立面实景照片		300
特殊备案		400
楼宇灭失文件		500
能效测评报告		600

D. 3. 4 建筑附件格式要求应符合表 D. 3. 4 的规定。

表 D.3.4 附件格式要求

上传附件类型	文件格式	单个文件大小	对应流程	其他要求
基础信息备案表(盖章)	pdf、jpg、jpeg、png	<20 MB	新建建筑上传平台	
能耗监测系统图(电、水、气)	pdf、jpg、jpeg、png	<30 MB	新建建筑上传平台	分电、气、水三类,上传的能源品种需对应有系统图 配电站内配电柜回路信息
建筑外立面实景图	jpg、jpeg、png	<10 MB	新建建筑上传平台	像素不低于800×600
能效测评报告	pdf	<30 MB	新建建筑上传平台	
证明材料	pdf、jpg、jpeg、png	<30 MB	楼宇注销备案申请	

D.4 能耗监测市级平台返回信息

D.4.1 HTTP状态码:成功返回2xx状态码,失败返回4xx/5xx状态码。

D.4.2 能耗监测市级平台数据返回格式如下:

返回成功示例:


```
{
  "success": true,
  "message": "ok"
}
```


返回失败示例:


```
{
  "success": false,
  "message": "xxx"
}
```

附录 E 能耗监测市级平台审批流程查询通信协议

E.0.1 能耗监测分平台可向能耗监测市级平台查询建筑联网申请、信息变更、楼宇灭失等流程处理状态及进度，同时可通过接口通知市级能耗进入流程审批状态。

1 查询审批流程列表接口描述。

[请求路径] /api/v3/flows/feedback/{platformId}/{buildingId}

[请求类型] GET

[Headers 参数] token：XXXX（平台代码加上密钥经过 SM3 国密算法摘要签名后转为 16 进制字符串数据）

[参数说明]

platformId：平台代码，具体格式见本标准附录 A.1.2-1。

buildingId：建筑编码，具体格式见本标准附录 A.1.1。

2 查询审批进度接口描述。

[请求路径] /api/v3/flows/feedback/{flowId}

[请求类型] GET

[Headers 参数] token：XXXX（平台代码加上密钥经过 SM3 国密算法摘要签名后转为 16 进制字符串数据）

[参数说明]

flowId：流程编码。

3 流程请求审批接口描述。

[接口说明] 该接口只针对联网申请、信息变更流程，区级能耗平台需确认当前流程资料（资料包括但不限于建筑基本信息、计量装置信息、建筑附件信息、建筑备案表等）全部提交后，请求该接口通知市级能耗平台进入审批阶段

[请求路径] /api/v3/flows/approval/{platformId}/{buildingId}

［请求类型］POST

［Headers 参数］ token：XXXX（平台代码加上密钥经过SM3 国密算法摘要签名后转为 16 进制字符串数据）

［参数说明］

platformId：平台代码，具体格式见本标准附录 A.1.2-1。

buildingId：建筑编码，具体格式见本标准附录 A.1.1。

E.0.2 能耗监测市级平台返回信息说明如下。

1 HTTP 状态码：成功返回 2xx 状态码，失败返回 4xx/5xx 状态码。

2 能耗监测分平台查询审批流程列表返回格式如下：

```
{
  "success"：true,
  "message"："ok",
"data"：[{
    "flowId"：xxxxxxx，// 流程编码
    "flowName"："xx 建筑"，// 流程名称
    "updateTime"："2022-11-25 06:40:53"，// 更新时间 yyyy-MM-dd HH:mm:ss
"createTime"："2022-11-25 06:40:53"  // 发起时间 yyyy-MM-dd HH:mm:ss
"flowStatus"：2  //流程状态:0-驳回,1-草稿,2-待审,3-发布,4-废弃
  }]
}
```

3 能耗监测分平台查询审批进度返回格式如下：

返回成功格式：

```
{
  "success"：true,
  "message"："ok",
  "data"：{
```

"createTime"：“2022-11-25 06:40:53"，// 发起时间 yyyy-MM-dd HH:mm:ss
"updateTime"："2022-11-25 06:40:53"，// 更新时间 yyyy-MM-dd HH:mm:ss
"flowStatus"：2 //流程状态:0-驳回,1-草稿,2-待审,3-完成,4-废弃
"flowNode":[{
"nodeId":xxxxxxx，//节点编码
"nodeName":"起草节点"，//节点名称
"processor":"市级平台"，//操作者
"operation":1，//操作:0-驳回;1-通过;2-废弃;
"approvalTime":"2022-11-25 06:40:53"，//审批时间
"remark":"同意" //处理意见
}]
}
}

返回失败格式：

{
"success"：false，
"message"："xxx"，
"data"：null
}

4 流程请求审批接口返回格式如下：

返回成功格式：

{
"success"：true，
"message"："ok"，
"data"：{"flowId"：xxxxxxx} // 流程编码
}

返回失败格式：

```
{
  "success": false,
  "message": "xxx",
  "data": null
}
```

E.0.3 审批流程相关字段说明见表 E.0.3。

表 E.0.3 审批流程相关字段说明

字段名称	字段类型	说明
platformId	字符型	平台代码
buildingId	字符型	建筑编码
flowId	长整型	流程编码
flowName	字符型	流程名称
createTime	字符型	提交时间 格式:yyyy-MM-dd HH:mm:ss
updateTime	字符型	最后一次审批时间 格式:yyyy-MM-dd HH:mm:ss
flowStatus	整数型	流程状态:0—驳回;1—草稿;2—待审;3—发布;4—废弃
nodeId	字符型	审批反馈信息
nodeName	字符型	流程状态
processor	字符型	操作者
operation	整数型	操作:0—驳回;1—通过;2—废弃
approvalTime	字符型	审批时间
remark	字符型	处理意见

附录 F　数据自动上传通信协议

F.1　RESTful 通信协议

F.1.1　数据接口描述如下：

[请求路径]

建筑上传能耗监测分平台请求路径：/api/v3/energyData/buildings/{buildingId}

能耗监测分平台上传能耗监测市级平台请求路径：/api/v3/energyData/platforms/{platformId}

[请求类型] POST

[Content-Type] application/json

[Headers 参数] token：XXXX（建筑编码/平台代码加上密钥经过 SM3 国密算法摘要签名后转为 16 进制字符串数据）

F.1.2　数据采用 JSON 格式，每次 HTTP 请求发送一栋建筑的所有计量装置参数，客户端数据上传格式如下：

```
{
  "buildingId":"xxxx",//建筑编码
  "meters":[{
      "meterId":"xxxx",//计量装置编码
      "dateTime":"yyyy-MM-dd HH:mm:ss",//数据时间
      "parameters":[
        {
         "parameter":"xxx",//计量装置属性参数代码
         "value":xx.xxxx // 参数数值
        },
```

```
        {
        "parameter": "xxx",//计量装置属性参数代码
        "value": xx.xxxx // 参数数值
        }]
    }]
}
```

F.1.3 HTTP 状态码:上传成功服务端返回 2xx 状态码,失败返回 4xx/5xx 状态码。

服务端数据返回格式如下:

返回成功示例:

```
{
  "success": true,
  "message": "ok"
}
```

返回失败示例:

```
{
  "success": false,
  "message": "xxx"
}
```

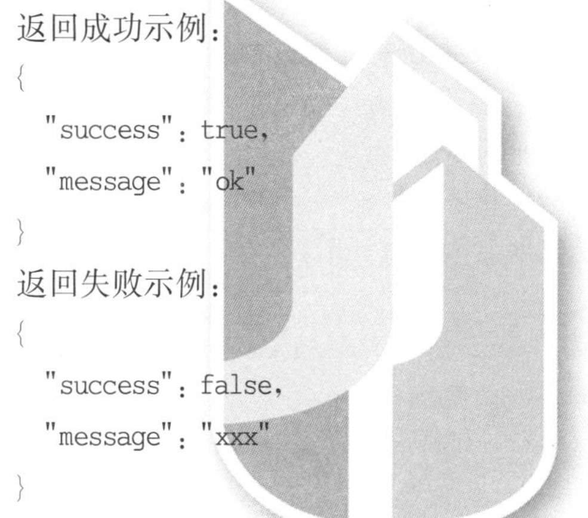

F.1.4 Restful 协议传输相关字段说明见表 F.1.4。

表 F.1.4 Restful 协议传输相关字段说明

字段名称	字段类型	说明
platformId	字符型	平台代码
buildingId	字符型	建筑编码
meterId	字符型	计量装置编码
dateTime	字符型	数据时间 格式:yyyy-MM-dd HH:mm:ss
parameter	字符型	计量装置参数代码

续表F.1.4

字段名称	字段类型	说明
value	双精度浮点型	计量装置参数值，上传参数值需为计算完后的实际读数值

F.2 MQTT通信协议

F.2.1 建筑实时采集和补传数据均发送到 MQTT 的主题：EmsData/{buildingId}，能耗监测分平台订阅。

F.2.2 应通过 MQTT 的 username 和 password 对用能监测系统进行身份验证，username 为建筑编码，password 为建筑密钥经过 SM3 国密算法摘要签名后转为 16 进制字符串。身份验证通过后数据应通过 TLS 加密后传输。

F.2.3 数据采用 JSON 格式，每条 MQTT 消息上传一个计量装置的所有参数数据，数据上传格式如下：

```
{
  "buildingId ":"xxxx",//建筑编码
"meterId":"xxxx",//设备编码
"dateTime":"yyyy-MM-dd HH:mm:ss",//数据时间
      "parameters":[
          {
      "parameter":"xxx",//计量装置属性参数代码
      "value":xx.xxxx // 参数数值
          },
          {
      "parameter":"xxx",//计量装置属性参数代码
      "value":xx.xxxx // 参数数值
          }]
}
```

F.2.4 MQTT 协议传输相关字段说明见表 F.2.4。

表 F.2.4　MQTT 协议传输相关字段说明

字段名称	字段类型	说明
platformId	字符型	平台代码
buildingId	字符型	建筑编码
meterId	字符型	计量装置编码
dateTime	字符型	数据时间 格式：yyyy-MM-dd HH：mm：ss
parameter	字符型	计量装置参数代码
value	双精度浮点型	计量装置参数值，上传参数值需为计算完后的实际读数值

附录G　数据手动上报通信协议

G.0.1　数据接口描述如下。

［请求路径］

建筑上传能耗监测分平台请求路径:/api/v3/manualData/buildings/{buildingId}

能耗监测分平台上传能耗监测市级平台请求路径:/api/v3/manualData/platforms/{platformId}

［请求类型］POST

［Content-Type］application/json

［Headers 参数］token:XXXX（建筑编码/平台代码加上密钥经过 SM3 国密算法摘要签名后转为 16 进制字符串数据）

G.0.2　数据采用 JSON 格式,客户端数据上传格式如下所示,每次 HTTP 请求发送一栋建筑的能耗上报用量:

```
{
  "buildingId":"xxxx",//建筑编码
"energyList":[{
    "energyCode":"xxxx",//能耗编码
    "value":xx.xxxx // 能耗值
    "dateTime":"yyyy-MM-dd HH:mm:ss",//数据时间
" timeType": 0/1/3/4,//数 据 时 间, 0-hour、 1-day、 3-month、4-year
    }]
}
```

G.0.3　HTTP 状态码:上传成功返回 2xx 状态码,失败返回 4xx/5xx 状态码。

服务端数据返回格式如下：

返回成功示例

```
{
  "success": true,
  "message": "ok"
}
```

返回失败示例

```
{
  "success": false,
  "message": "xxx"
}
```

G.0.4 数据手动上报接口相关字段说明见表 G.0.4。

表 G.0.4 数据手动上报接口相关字段说明

字段名称	字段类型	说明
platformId	字符型	平台代码
buildingId	字符型	建筑编码
energyCode	字符型	能耗分类分项编码，应符合表 A.2.4 规定
dateTime	字符型	数据时间 格式：yyyy-MM-dd HH:mm:ss
value	双精度浮点型	能耗值
TimeType	整数型	时间类型，0—hour；1—day；3—month；4—year

附录 H　系统验收记录

表 H　用能监测系统验收记录表

工程名称					
工程地址					
施工单位				项目经理	
施工执行标准名称及编号					
施工质量验收规范规定				施工单位检查评定记录	监理(建设)单位验收记录
主控项目	1	系统架构	10.6.1		
	2	设备选型	10.6.1		
	3	管道、桥架缆线敷设与标识	10.6.1		
	4	计量装置、数据采集器等主要设备安装与接线	10.6.1		
	5	能耗分类、分项、分户、分区等配置	10.6.1		
	6	系统软件功能	10.6.1		
	7	数据上传功能	10.6.1		
	8	计量数据准确性	10.6.1		
	9	系统安全性	10.6.1		
	10	技术资料内容：设计文件、图纸会审、变更及核定单	10.6.3		
		设备、主要材料质量证明、验收记录及复验报告	10.6.3		
		隐蔽部位施工验收记录	10.6.3		
		系统设备安装与检验记录	10.6.3		

续表H

<table>
<tr><td colspan="5">施工质量验收规范规定</td><td>施工单位检查评定记录</td><td colspan="2">监理(建设)单位验收记录</td></tr>
<tr><td rowspan="7">主控项目</td><td rowspan="7">10</td><td rowspan="7">技术资料内容</td><td>系统调试记录</td><td>10.6.3</td><td></td><td colspan="2"></td></tr>
<tr><td>施工单位自检报告</td><td>10.6.3</td><td></td><td colspan="2" rowspan="6"></td></tr>
<tr><td>系统试运行记录</td><td>10.6.3</td><td></td></tr>
<tr><td>系统操作和设备维护说明书</td><td>10.6.3</td><td></td></tr>
<tr><td>竣工图及方案</td><td>10.6.3</td><td></td></tr>
<tr><td>检验批质量验收记录</td><td>10.6.3</td><td></td></tr>
<tr><td>施工范围内其他方面资料</td><td>10.6.3</td><td></td></tr>
<tr><td colspan="3">签字栏</td><td>施工单位：
年 月 日</td><td colspan="2">监理单位：
年 月 日</td><td colspan="2">建设单位：
年 月 日</td></tr>
</table>

本标准用词说明

1 本标准对要求严格程度不同的用词说明如下：

1） 表示很严格，非这样做不可的用词：

正面词采用“必须”；

反面词采用“严禁”。

2） 表示严格，在正常情况均应这样做的用词：

正面词采用“应”；

反面词采用“不应”或“不得”。

3） 表示允许稍有选择，在条件许可时首先应这样做的用词：

正面词采用“宜”；

反面词采用“不宜”。

4） 表示有选择，在一定条件下可以这样做的用词，采用“可”。

2 条文中指明应按其他有关标准、规范和规定执行的写法为“应按……执行”或“应符合……的规定”。

引用标准名录

1 《饮用冷水水表和热水水表　第1部分：计量要求和技术要求》GB/T 778.1
2 《饮用冷水水表和热水水表　第5部分：安装要求》GB/T 778.5
3 《膜式燃气表》GB/T 6968
4 《电测量设备(交流)　特殊要求　第21部分：静止式有功电能表(A级、B级、C级、D级和E级)》GB/T 17215.321
5 《电磁兼容　试验和测量技术　静电放电抗扰度试验》GB/T 17626.2
6 《电磁兼容　试验和测量技术　射频电磁场辐射抗扰度试验》GB/T 17626.3
7 《电磁兼容　试验和测量技术　电快速瞬变脉冲群抗扰度试验》GB/T 17626.4
8 《电磁兼容　试验和测量技术　浪涌(冲击)抗扰度试验》GB/T 17626.5
9 《互感器》GB/T 20840
10 《热量表》GB/T 32224
11 《建筑电气工程施工质量验收规范》GB 50303
12 《综合布线系统工程设计规范》GB 50311
13 《综合布线系统工程验收规范》GB/T 50312
14 《民用建筑电气设计标准》GB 51348
15 《建筑工程施工现场质量管理标准》DG/TJ 08—1201

标准上一版编制单位及人员信息

DGJ 08—2068—2017

主 编 单 位：上海市建筑科学研究院
上海现代建筑设计（集团）有限公司
上海市建筑建材业市场管理总站

参 编 单 位：上海市机关事务管理局
上海市普陀区建设管理委员会
上海延华智能科技股份（集团）有限公司
上海同标节能技术服务有限公司
上海纳宇电气有限公司
安科瑞电气股份有限公司
华电众信（北京）技术有限公司

参 加 单 位：上海格瑞特科技实业有限公司
上海电器科学研究所（集团）有限公司
连云港连利·福思特表业有限公司

主要起草人：何晓燕 张德明 陈众励 张晓卯 王君若
金皓敏 徐 征 陈勤平 张国敏 丁 婧
支建杰 冯 君 陈家骏 梁 泉 于 兵
谢浩然 金 俭

参加起草人：田海涛 朱园园 刘 超 周 中 王士军
陈闽翔 郑竺凌 刘 珊 何锦从 王 峻
周小勇 奚培锋 王润中 费战波 王 彤
郝华增 盛 杰 唐 俊 李 功 蔡 钧
王耀文 周震国 孙光明 张培卿 张迎花
夏洪军 黄 薇

上海市工程建设规范

公共建筑用能监测系统工程技术标准

DG/TJ 08—2068—2024

J 11542—2024

条 文 说 明

2024 上海

目　次

1　总　则 ………………………………………………… 99
3　基本规定 ……………………………………………… 100
4　能耗数据编码 ………………………………………… 103
　4.1　一般规定 ………………………………………… 103
　4.3　能耗分类、分项与编码 ………………………… 103
　4.4　计量装置、属性与编码 ………………………… 105
5　系统架构 ……………………………………………… 106
6　感知层 ………………………………………………… 108
　6.1　一般规定 ………………………………………… 108
　6.2　测量点位 ………………………………………… 108
　6.3　计量装置选型 …………………………………… 111
7　采集传输层 …………………………………………… 113
　7.1　数据采集 ………………………………………… 113
　7.2　数据传输 ………………………………………… 113
8　应用层 ………………………………………………… 114
　8.1　一般规定 ………………………………………… 114
　8.2　业务功能 ………………………………………… 114
9　能耗监测分平台 ……………………………………… 116
　9.1　一般规定 ………………………………………… 116
　9.2　系统功能 ………………………………………… 116
　9.3　数据上传 ………………………………………… 116
10　施工与验收 ………………………………………… 118
　10.2　施工要求 ……………………………………… 118
　10.3　安装要求 ……………………………………… 118
　10.6　系统验收 ……………………………………… 118

Contents

1 General provisions ······ 99
3 Basic requirements ······ 100
4 Code for energy consumption data ······ 103
4.1 General requirements ······ 103
4.3 Classification, itemization and coding of energy consumption ······ 103
4.4 Metering devices, properties and coding ······ 105
5 System architecture ······ 106
6 Perception layer ······ 108
6.1 General requirements ······ 108
6.2 Measuring point position ······ 108
6.3 Metering device selection ······ 111
7 Collection and transmission layer ······ 113
7.1 Data collection ······ 113
7.2 Data transmission ······ 113
8 Application layer ······ 114
8.1 General requirements ······ 114
8.2 Service functions ······ 114
9 Sub-platform for energy consumption monitoring ······ 116
9.1 General requirements ······ 116
9.2 System functions ······ 116
9.3 Uploading data ······ 116
10 Construction and acceptance ······ 118
10.2 Construction requirements ······ 118
10.3 Installation requirements ······ 118
10.6 System acceptance ······ 118

1 总 则

1.0.1 为落实我国“双碳”目标，应进一步提高建筑用能管理智能化水平，鼓励将楼宇自控、能耗监测、分布式发电等系统进行集成整合，实现各系统之间数据互联互通，运用物联网、互联网等技术，实时采集、统计、分析建筑用能数据，为实现用能系统和设备的智能化管理和优化控制、能耗异常监测与预警奠定扎实的基础，以达到提高能源使用效率的目的。

1.0.2 本标准主要用于建筑节能管理，不适用于贸易结算和对外部计费的能源资源计量。

3 基本规定

3.0.1 本条根据上海市人民政府印发的《关于加快推进本市国家机关办公建筑和大型公共建筑能耗监测系统建设实施意见的通知》(沪府发〔2012〕49 号)、《上海市国家机关办公建筑和大型公共建筑能耗监测系统管理办法》(沪住建规范〔2018〕2 号)及《上海市绿色建筑管理办法》(2021 年 9 月 30 日上海市人民政府令第 57 号公布)等相关文件提出,具体可根据相关管理要求执行。根据《关于加快推进本市国家机关办公建筑和大型公共建筑能耗监测系统建设实施意见的通知》(沪府发〔2012〕49 号),本市能耗监测系统采用“全市统一、分级管理、互联互通”的方式构建,包括三个层级、两层平台,即“1＋17＋1”的模式,第一层为市级平台,第二层为区级分平台和市级机关分平台,第三层为用能监测系统。本标准所指的能耗监测分平台主要指区级分平台和市级机关分平台。

对于拥有多栋建筑的大型园区,如单体建筑的地上建筑面积达到一定规模,其能耗应单独计量。

本条关于“整栋开展特殊类装饰装修工程的既有公共建筑”的要求依据上海市住房和城乡建设管理委员会《关于印发〈关于规模化推进本市既有公共建筑节能改造的实施意见〉的通知》(沪建建材〔2022〕681 号),对适用范围内的既有公共建筑节能改造实行差别化管理;对节能改造技术措施目录实行动态化调整,所选技术措施须在整个装饰装修工程中应用,做到应改尽改。其中,要求既有公共建筑整栋开展特殊类装饰装修工程的应根据工程实际情况,在开展装饰装修工程的同步落实以下措施:

1) 未安装建筑用能分项计量装置的国家机关办公建筑和

大型公共建筑应同步安装建筑用能分项计量装置并与对应建筑能耗监测分平台联网。

2）仍在使用工业和信息化部发布的《高耗能落后机电设备（产品）淘汰目录》（第一批至第四批）中的机电设备（产品）的，应停止使用并更换高效节能设备（产品）。

3）未采取屋面和外墙节能措施的，应增加节能措施。

4）仍在使用单层玻璃外窗的，应采取换窗或加窗措施。在落实以上措施的基础上，还应同步实施 3 项及以上技术措施（每项技术措施需选择 1 项及以上技术内容）。

3.0.3 采集上传数据主要包括建筑外部输入的各类能源计量数据、建筑对外输出的各类能源计量数据、储存的电能计量数据和电力分项各用能支路电表计量数据。其中，建筑外部输入或输出的各类能源消耗量通常指进出建筑的各类能源的关口表（总表）计量值。

3.0.4 对于拥有多个功能区的大型公共建筑，如商业、办公、宾馆等，各功能区电、热、水等应单独计量。公共机构及出租型建筑等应根据管理要求实现分户计量。用能监测系统设计方案应进行技术、经济分析比较，合理设置测量点位，并符合相应能耗监测分平台的技术要求，以保证系统的合理性、经济性和实用性。

3.0.5 为实现建筑能耗智能管控、提升建筑用能系统能效、降低建筑能耗，在系统架构设计时应考虑各系统的信息共享，避免产生信息孤岛，以提高数据分析维度。如公共建筑中已安装电力监控系统、建筑设备监控系统等，且该系统中已包含能源相关数据的，可通过 Modbus-TCP、BACnetIP、OPC、RESTful API、WebService、MQTT 等通用接口等方式从相关系统中获取数据。此外，为保障用能监测系统电能数据的完整性及准确的需求响应和管理，还应从电力监控系统等变电站综合自动化系统获取建筑物高压进线侧的实时用能数据，并在用能分析上利用和展示。

3.0.6 该条扩充了第三方系统的范围及联动控制的要求。举例来说，当用能监测系统发现能耗实际值出现明显高于或低于合理范围时，可能是用能异常的表征，此时系统可以记录具体问题发生时间点，并针对不同的用能异常现象，提示相应的管理建议；如果用能过高，可根据数据所在时刻，排查是否因额外活动造成用能升高、是否存在非正常使用或应关未关的设备，并统计过高用能出现频次，为优化设备管理流程、合理使用能源指明方向。对于有条件的楼宇，用能监测系统可将判定结果及管控策略发送至建筑设备监控系统，由其自动执行所需的自检和优化，从而实现建筑能耗的智能管控。

3.0.7 本条是为保证用能监测系统所监测的用能设备正常使用、能源有效利用而定的。用能设备的电表、水表等正常工作是保证用能监测系统稳定可靠运行的前提，但用能监测系统电表、水表等计量装置的使用，不应降低原有系统或设备所安装的计量装置的精度，也不能干扰原有系统或设备的功能。

4 能耗数据编码

4.1 一般规定

4.1.1 统一的编码规则方便信息的传输、存储、检索和使用，从而保证数据得到有效的管理和高效率的查询，实现数据组织、存储及交换的一致性。

4.3 能耗分类、分项与编码

4.3.1 本标准所指的可再生能源系统指可再生能源建筑应用系统，根据现行国家标准《建筑节能与可再生能源利用通用规范》GB 55015，可再生能源建筑应用系统包括太阳能系统、地源热泵系统和空气源热泵系统等。太阳能系统可分为太阳能热利用系统、太阳能光伏发电系统和太阳能光伏光热(PV/T)系统；地源热泵系统主要包括水源热泵系统和土壤源热泵系统。

4.3.2 空调系统补水通常指空调冷(热)源侧补水。

4.3.3 低压用电计量点位通常安装设置在以下三个位置：一是低压配电间的 400 V 低压出线柜中空调、照明插座、动力和特殊用电的出线回路；二是区域或楼层配电柜；三是设备或用户末端配电箱。如部分子项无法实现计量的，可通过能耗拆分等方式实现节能分析和管理。

空调用电是指为建筑物提供空调、采暖的设备用电的统称。冷热站是空调系统中制备、输配冷量的设备总称，主要包括冷冻泵、冷却泵、冷却塔、热水泵、冷热源机组等。空调末端是指可单独测量的所有空调系统末端，包括全空气机组、新风机组、空调区域的排风机组、风机盘管和分体式空调器等。厕所排风扇和末端风机盘管等小功率设备在电气设计上通常由照明与插座回路供电，可采用拆分的方法间接获取。例如，可以过渡季的能耗作为基准能耗，空调季高出部分的能耗则为风机盘管的能耗。

动力用电是指集中提供各种动力服务的设备（不包括空调采暖系统设备）消耗电能的统称。电梯电耗是指建筑物中所有电梯（包括货梯、客梯、消防梯、扶梯等）及其附属电梯机房专用空调等设备的耗电。给排水系统电耗是指除空调采暖系统和消防以外的所有水泵的耗电，包括自来水加压泵、生活热水泵、排污泵、中水泵等设备的耗电。非空调区域通排风设备是指除空调采暖系统和消防系统以外的所有风机，如车库通风机，厕所排风机等。

特殊用电一般指除了照明插座、空调等建筑常规功能之外的耗电量。如信息机房、洗衣房、厨房餐厅、洗衣房、室内游泳池、地下车库等。信息机房可分为数据中心机房、智能化系统机房和通信机房等类别；电动汽车充电桩（反向）是供电，因此不纳入市政供电子项范畴。地下车库相较于建筑物的主要功能区域，如占地面积较大，尽管用电负荷密度小，但计入建筑总能耗则明显拉低整个建筑物实际用电负荷密度因此将地下车库，故也作为一个特殊区域独立进行电耗计量，包含地下车库的照明、停车机械装置等用电设备。对于医疗建筑中的医疗设备用电、剧场建筑中的舞台灯光和音响用电、体育场馆中的 LED 大屏幕和音响用电、大型商业广告照明、外供用电等，一并列入其他用电项内，具体可结合项目实际进行深化。

4.3.7 机关办公建筑分户能耗编码位数和格式统一为 5 位，其计量的是各分类能耗的总量，不需要再细分分项能耗。单位统一社会信用代码是一组长度为 18 位的用于法人和其他组织身份识别的代码。

4.4 计量装置、属性与编码

4.4.1 能耗监测分平台应符合本标准附录表 A.1.2-1 的规定；计量装置编码由各能耗监测分平台自主编码，长度不超过 25 位，并确保在其平台中的唯一性。

5 系统架构

5.0.1 以信息技术为基础，用能监测系统实现对建筑能耗等信息的采集和应用。系统可部署在建筑本地或者云端。系统由计量装置、数据采集器、服务器等软硬件构成，实现建筑能耗等数据的采集、处理、存储、展示、分析和上传。本市能耗监测系统采用“全市统一、分级管理、互联互通”的方式构建，包括三个层级、两层平台，第一层为市级平台，第二层为区级分平台和市级机关分平台，第三层为用能监测系统。架构示意如图 1 所示，图中分平台是指区级分平台及市级机关分平台。

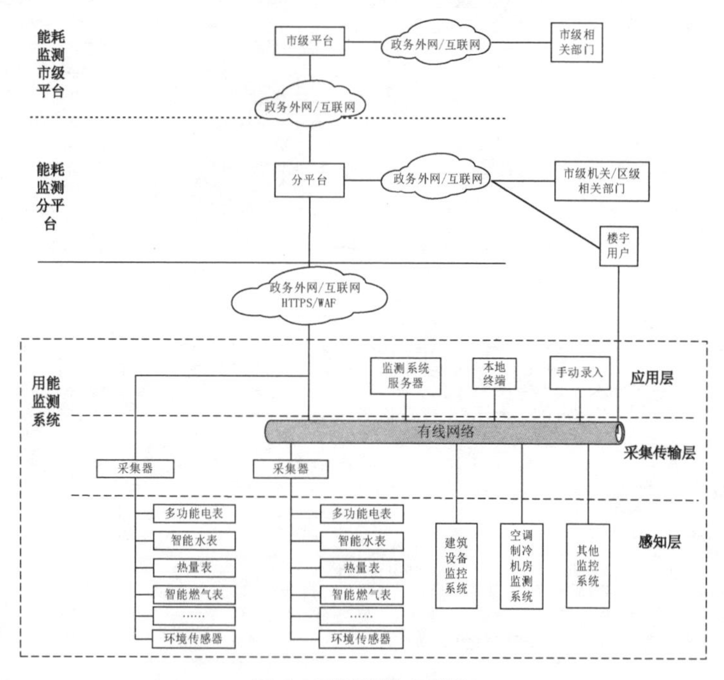

图 1 系统架构示意图

5.0.6 能耗监测市级平台和分平台应满足国家在信创、安可、密测等安全方面的要求。目前，市级平台和分平台参照现行国家标准《信息安全技术　网络安全等级保护定级指南》GB/T 22240 要求实现网络安全二级等保，用能监测系统也可参照实现网络安全二级等保。

6 感知层

6.1 一般规定

6.1.1 实时采集方式除采用数据采集器外，还包括图像识别等方式。

6.2 测量点位

6.2.1

2 电能分项计量装置首选应安装在低压干线回路，对于消防、防汛等应急设备可不予计量。

7 依据现行国家标准《公共机构能源资源计量器具配备和管理要求》GB/T 29149，重点设备一般为功率较大且运行时间较长的主机、水泵、用电总额定功率大于等于 10 kW 的专用设备及其附属设备等。此外，采用高压供电的设备（如 10 kV 冷水机组）、医疗建筑的大型医疗设备，也应纳入重点用电设备计量。

8 本款参照国家标准《建筑节能与可再生能源利用通用规范》GB 55015—2021 第 3.3.5 条制定，不同功能公共建筑的功能区划分不同，如教育建筑的实验设备以实验室为单位设置电能计量装置，教室按楼层或功能分区设置电能计量装置，旅馆建筑的客房、厨房等区域可按楼层或功能分区设置电能计量装置。主要功能区划分可参考表 1。

表1 建筑主要功能区域划分

序号	建筑类型	功能区域
1	商场	营业区、仓储区
2	办公	办公会议用房
3	档案馆	档案业务和技术用房、档案室、对外服务用房
4	文化馆	群众活动用房、业务用房
5	图书馆	检索和出纳空间、书库、阅览室（区）、业务用房和技术设备用房
6	博物馆	公众区域、业务区域、行政区域
7	剧场	前厅和休息厅、观众厅、舞台、后台
8	电影院	观众厅、放映机房
9	旅馆饭店	客房、厨房、用餐和公共区域
10	养老院	老年人生活用房、文娱和健身用房、康复和医疗用房
11	疗养院建筑	疗养用房、理疗用房、医技门诊用房
12	医疗卫生	门诊、急诊、病房、手术部、医技用房、预防保健用房、行政办公
13	学校	教学和教学附属用房、宿舍
14	体育	比赛场地和看台

6.2.2 本条参照国家标准《绿色建筑评价标准》GB/T 50378—2019制定。其中第7.1.7条规定：应按使用用途、付费或管理单元，分别设置用水计量装置。第6.2.8条规定：管道漏损率应低于5%。重点用水设备包括浴室、食堂、宿舍、洗衣房等设备，可参考本标准第4章中建筑用水分项的内容。

6.2.3 加强建筑空调用能末端的量化管理，是建筑节能工作的需要；在主要用能区域设置热量表，是空调用能末端量化管理的前提和条件，也便于操作。

6.2.5 本条参照国家标准《建筑节能与可再生能源利用通用规范》GB 55015—2021第5.2.6条制定。

6.2.6 本条参照国家标准《建筑节能与可再生能源利用通用规范》GB 55015—2021 第 5.3.8 条制定。

6.2.7 本条规定与国家标准《建筑节能与可再生能源利用通用规范》GB 55015—2021 第 3.2.26 条一致。

6.2.8 室内环境品质指标包括室内热环境指标(温度、湿度等)和室内空气质量(二氧化碳浓度、PM2.5 等)指标。室内环境监测的目的在于及时、准确、全面地反映室内环境质量现状及发展趋势,并为室内环境管理和控制提供科学依据,实现用能与环境二者间的平衡。

6.2.9 本条参照国家标准《公共机构能源资源计量器具配备和管理要求》GB/T 29149—2012 第 6 章制定。分区计量各区域解释如下:

1 行政区

固定用电设备额定功率之和超过 10 kW 的行政区,如会议室、资料室、办公室等,其电力消耗量应单独计量。

2 业务区

1) 用电设备额定功率之和超过 10 kW 的一般业务区,如办事大厅、门诊部、住院部、场馆、教室等,其电力消耗量应单独计量。

2) 大型和中型公共机构的特殊业务区,如数据中心(或信息机房)、调度中心、指挥及控制中心、监控中心、实验室、手术室、重症监护室等,其电力和水消耗量应单独计量。

3 后勤服务区

1) 大型和中型公共机构的用餐场所,其电力、水、炊用燃料消耗量应单独计量。

2) 大型和中型公共机构所属公共浴室的电力、热力、水消耗量应单独计量。

3) 公共机构所属公寓的各类能源消耗量和水消耗量应单

独计量。

4）公共机构所属游泳馆的电力、热力、水消耗量应单独计量。

4 其他区域

1）有条件的公共机构，其绿化用水宜单独计量。

2）公共机构对外服务及外包场所的能源消耗量应单独计量。

6.3 计量装置选型

6.3.4

1 对于Ⅰ类和Ⅱ类用户，进出用能单位的关口电表的准确度同时参考现行国家标准《用能单位能源计量器具配备和管理通则》GB 17167 的要求，见表 2。

表 2 能源数据采集仪表准确度等级要求

计量器具类别	计量用途		准确度等级要求
电能表	进出用能单位有功交流电能计量	Ⅰ类用户	0.5S
		Ⅱ类用户	0.5
		Ⅲ类用户	1.0
		Ⅳ类用户	2.0
		Ⅴ类用户	2.0
	进出用能单位的直流电能计量		2.0

注：1. 当计量器具是由传感器（变送器）、二次仪表组成的测量装置或系统时，表中给出的准确度等级应是装置或系统的准确度等级。装置或系统未明确给出其准确度等级时，可用传感器与二次仪表的准确度等级按误差合成方法合成。

2. 运行中的电能计量装置按其所计量电能量的多少，将用户分为五类。Ⅰ类用户为月平均用电量 500 万 kWh 及以上或变压器容量为 10 000 kVA 及以上的高压计费用户；Ⅱ类用户为小于Ⅰ类用户用电量（或变压器容量）但月平均用电量 100 万 kWh 及以上或变压器容量为 2 000 kVA 及以上的高压计费用户；Ⅲ类用户为小于Ⅱ类用户用电量（或变压器容量）但月平均用电量 10 万 kWh 及以上或变压器容量为 315 kVA 及以上的计费用户；Ⅳ类用户为负荷容量为 315 kVA 以下的计费用户；Ⅴ类用户为单相供电的计费用户。

2 本款参照国家标准《民用建筑电气设计标准》GB 51348—2019 第 5.16.1 条制定。

3 本款参照国家标准《电力装置电测量仪表装置设计规范》GB/T 50063—2017 第 4.1.8 条和《民用建筑电气设计标准》GB 51348—2019 第 5.16.1 条制定。

6.3.6 热量表选型时应明确测量所需的范围度或流量变化情况。通常，流量计的范围度是指在保证准确度的前提下能测量的最大流量和最小流量的比值。对于量程范围的选择，主要是选择确定流量计的测量上限。选小了易过载，损坏流量计；选大了影响常用流量的测量准确性。一般应根据实际运行中的最大流量进行选取，按其 1.2～1.3 倍确定流量计的测量上限。对于长期稳定于某一流量点附近的流量测量，选择范围度较小的流量计即可满足要求，此时选择宽量程的流量计并无太大意义；而对于具有高峰期、低峰期或时段性流量变化的流量测量，则需根据流量的变化范围选择具有合适范围度的流量计，以满足要求为宜。

7 采集传输层

7.1 数据采集

7.1.1 计量装置和数据采集器之间的数据通信传输宜采用总线、电力线载波等有线通信方式或传输性能稳定的无线通信方式。

7.1.3 用能监测系统可根据系统功能需要提高数据采集频率。

7.1.5

1 数据中心是指接收处理采集器上传数据的系统或者平台，如能耗监测分平台和能耗监测系统。

3 本标准采用 RESTful API 接口和 MQTT 协议数据传输方式，新建能耗监测系统应按照本标准规定的协议进行数据上传，能耗监测分平台应提供新协议的数据接口，同时也应保留 WebService 协议、TCP 协议的数据接入方式，以确保原有能耗监测系统的正常运行。

7.2 数据传输

7.2.2 能耗数据上传应由数据采集器直接将数据上传至能耗监测分平台。

7.2.4 MQTT 协议为物联网标准协议，对环境传感器等计量装置可采用 MQTT 协议上传至能耗监测分平台。采用 MQTT 协议时，能耗监测分平台为服务端，建筑为客户端，双方采用 TLS 方式进行认证，建立安全连接后数据加密传输，并进行身份验证。采用 RESTful API 接口协议时，能耗监测分平台为服务端，建筑为客户端，建筑定时调用上级平台提供的 RESTful API 接口上传数据，双方采用 TLS 方式进行认证建立安全连接，数据加密后传输，并进行身份验证。

8 应用层

8.1 一般规定

8.1.4 用能监测系统业务功能四个层级是层层递进的关系。基础级主要实现用电分项计量，随着节能工作的深入，需要进一步强化用能监测的广度和深度，强化各种用能分析功能，由此在基础级之上可进一步提升至一级、二级、三级系统。一级及以上系统的监测广度覆盖至电、水、燃气、可再生能源等多能源监测，监测深度可扩展至分层、分区、分户监测。

8.2 业务功能

8.2.2

1 分析可包括各类建筑合理用能指南对标分析或用能单位内部考评等。

5 数据质量分析指实现数据异常处理和报警功能，包括监测数据的中断缺失、异常跳变等以及分类分项数据的缺失、缺项、过大、过小等。

8.2.3

1 通过能源资源上、下级之间在数量上的平衡关系分析，可实现用水管网漏损自动分析和诊断等功能。在现行国家标准《绿色建筑评价标准》GB 50378 中也规定了绿色建筑需设置用水远程计量系统，并且具有用水情况统计分析和管网漏损诊断分析功能。

2 用能系统或设备能效分析可结合项目实际测量点位和管

理要求进行，指标主要包括：

1）建筑能效指标包括单位面积能耗、人均能耗、单位空调面积年用能强度、单位面积耗冷量、日夜能耗比、工作日节假日能耗比、人均水耗等；

2）系统能效指标包括空调系统能效比、制冷系统能效比、冷冻水输送系数、冷却水输送系数、空调末端能效比、供热系统能效比、供配电系统三相不平衡度、变压器负载率、用水漏失率等；

3）设备能效指标包括冷水机组能效、锅炉热效率、水泵能效、风机能效、冷却塔耗水量等；

4）电功率超限、过流、欠压等系统安全状态信息；

5）室内环境指标分析等。

3 用能报警或预警是对当能耗信息出现突发性变化或预测到未来一段时间会发生重大变化时，会发布提示信息，从而帮助工作人员及时找到对应的设备问题或运行问题，及时采取措施，避免能耗不合理增长。用能预警是一项综合分析功能，它可以提取能源消耗数据库中的数据信息，把这些能耗信息按照时间顺序和不同类别加以区分，自动统计出单位时间内各项能源的消耗数据，并自动生成全年能耗信息图谱。管理人员通过图谱可以更加直观地了解单位当前的能耗情况以及近期能源消耗的走势。通过分析各类能耗信息的走势，可以更便捷地制定有针对性的节能政策，优化运行细节，指导空调、照明等设备的运行控制。

8.2.4 能耗预测是各项能耗信息进行整合性评估以及对未来的能耗情况进行预测，是在二级用能预警之上的深层处理功能。能耗预测或负荷预测结合 AI 算法模型、人流、环境和能耗等历史数据，结合建筑用能特点、供能系统和用能系统的运行特性、增容决策、自然条件、历史能耗数据等诸多因素，通过相关模型和算法等，在满足一定精度要求的条件下，确定未来某特定时刻的负荷，帮助建筑优化运行。

9 能耗监测分平台

9.1 一般规定

9.1.1 可采用分布式计算、分布式存储、微服务架构、服务网格等技术提高平台的水平伸缩能力，利用容器以及云原生技术以自动化的方式处理服务的部署和操作，提高系统可用性、安全性和可维护性。

9.2 系统功能

9.2.1 建筑新增审批时应上传用能监测系统图、低压配电系统图、用水系统图、建筑外立面图、能效测评报告等附件资料；建筑信息修改和建筑注销审批时应上传相关证明附件资料。

9.2.2

2 上传数据包括建筑信息、计量装置原始数据、人工录入数据及账单图片。

9.3 数据上传

9.3.1 能耗监测分平台按照本标准附录 D.1 上传建筑基础信息，按照附录 D.2 上传计量装置信息和能耗分项配置信息，按照附录 D.3 上传建筑附件信息。当建筑基础信息、计量装置信息或能耗分项配置发生改变时，也应按照本标准附录 D 调用相应接口进行信息同步。

9.3.2 延迟不大于 1 h 指的是同一个计量装置的数据点位参数

数值从采集到上传至市级平台的数据延迟不大于 1 h。

9.3.3 能耗监测市级平台为服务端，能耗监测分平台为客户端，能耗监测分平台定时调用能耗监测市级平台提供的 RESTful API 接口上传数据。双方采用 TLS 方式进行双向认证，建立安全连接后数据加密传输，并进行身份验证。

10 施工与验收

10.2 施工要求

10.2.1

1 设计说明主要包括工程概况、设计依据、设计范围、设计内容(应包括用能监测系统的主要指标)、系统施工要求和注意事项(包括线路选型、敷设方式及设备安装等)、数据采集与系统传输方式、系统与配电管理等系统的分工界面及接口描述等。

2 系统图主要用于表达系统结构、主要设备的数量和类型、设备之间的连接方式、线缆类型及规格、图例及数据上传通信等。

3 平面布置图应标注各类计量装置布点、连线、线路型号、规格及敷设要求。平面管线图应包括必要的室内外管线综合图。

10.3 安装要求

10.3.5 多功能电表的零线采用叉接的原因是不使零线断开,因为零线剪断后接入电能表的零线端子时,容易发生接线不良或断零线故障,这样电气设备承受的电压就由 220 V 变为 380 V,烧毁电气设备严重时会造成火灾事故。

10.6 系统验收

10.6.1 施工单位的自检内容主要涉及影响能耗数据链质量的各个环节,为保证计量数据准确,施工单位应在验收前对各计量数据进行自校,自校表样式如表 3 所示。

表 3　能耗监测系统数据自校表

填表单位：　　　　　　　　　　　　　　　　　　　　填表日期：

<table>
<tr><td colspan="2">建筑名称：</td><td colspan="3">建筑地址：</td></tr>
<tr><td colspan="2">建筑面积(m^2)：</td><td colspan="3">系统上线时间：</td></tr>
<tr><td colspan="5">监测计量装置总表与账单类计量装置数据误差分析</td></tr>
<tr><td>校核参数</td><td>监测时间段</td><td>系统读数</td><td>账单类表具读数</td><td>误差(%)</td></tr>
<tr><td>总用电</td><td></td><td></td><td></td><td></td></tr>
<tr><td>总用水</td><td></td><td></td><td></td><td></td></tr>
<tr><td>总用气</td><td></td><td></td><td></td><td></td></tr>
<tr><td></td><td></td><td></td><td></td><td></td></tr>
<tr><td></td><td></td><td></td><td></td><td></td></tr>
<tr><td colspan="5">系统总表与分表累加和误差分析</td></tr>
<tr><td>校核参数</td><td>监测时间段</td><td>总表读数</td><td>分表读数总和</td><td>误差(%)</td></tr>
<tr><td>总表 1</td><td></td><td></td><td></td><td></td></tr>
<tr><td>总表 2</td><td></td><td></td><td></td><td></td></tr>
<tr><td>总表 3</td><td></td><td></td><td></td><td></td></tr>
<tr><td>总表 4</td><td></td><td></td><td></td><td></td></tr>
<tr><td></td><td></td><td></td><td></td><td></td></tr>
<tr><td></td><td></td><td></td><td></td><td></td></tr>
<tr><td>备注</td><td></td><td></td><td></td><td></td></tr>
</table>